种植大户

最新土壤肥料实用技术手册

ZHONGZHI DAHU

ZUIXIN TURANG FEILIAO SHIYONG

JISHU SHOUCE

武汉市农业科学院　编著

中国农业出版社

北　京

编　委　会

前　　言

　　新型农业经营主体主要包括：专业大户、家庭农场、农民合作社、农业产业化龙头企业和农业农村社会化服务组织等。中共十八大报告首次提出，要培育新型经营主体，发展多种形式规模经营。2013 年中共中央、国务院《关于加快发展现代农业　进一步增强农村发展活力的若干意见》明确指出，围绕现代农业建设，充分发挥农村基本经营制度的优越性，着力构建集约化、专业化、组织化、社会化相结合的新型农业经营体系，进一步解放和发展农村社会生产力。各类新型农业经营主体和服务主体快速发展，截至 2018 年底，全国家庭农场达到近 60 万家，登记农民合作社达到 217 万家，农业产业化龙头企业 8.7 万家，社会化服务组织数量达到 37 万个，总量超过 300 万家，仅湖北省 2021 年新型农业经营主体已达 21 万个。新型经营主体为我国农业产业带来了八大转变：一是个体户，向新经济体转变；二是小而全小农经济，向规模化、集约化转变；三是传统人工农业，向机械化、现代农业转变；四是低投入农业，向高投入农业转变；五是产量农业，向效益、品质农业转变；六是污染农业，向生态环保农业转变；七是第一产业农业（种植业），向第二（养殖业、加工业）、第三产业农业（休闲、旅游、观光、体验、农家乐）转变；八是产前农业（生产资料、技术），向产后农业（加工、冷藏、配送、物流、销售、服务、品牌等）转变。

　　2021 年是"十四五"开局之年，也是国家"乡村振兴"战略启动之年。乡村振兴战略就是坚持农业农村优先发展，其目标是按照产业兴旺、生态宜居、乡风文明、治理有效、生活富裕的总要求，建立健全城乡融合发展体制机制和政策体系，加快推进农业农村现代化，全面实现农业强、农村美、农民富的目标，实现最终的城乡一体。

2021 年 3 月，农业农村部印发《新型农业经营主体和服务主体高质量发展规划（2020—2022 年）》，提出了全国新型农业经营主体发展系统化的意见和发展方向，为适应我国新型农业经营主体迅猛发展的形势，结合近年来土壤肥料技术的新发展，经过武汉市农业科学院批准，组织有关专家联合编写了《种植大户最新土壤肥料实用技术手册》一书。

本书介绍了 80 多种农作物的科学施肥技术，可供各地新型农业经营主体业主及技术人员使用，也可作为肥料生产、销售企业技术人员的参考。

编　者

2021 年 11 月

目　　录

第一章　瓜果蔬菜施肥技术

一、西瓜施肥技术

1. 西瓜营养特性与施肥原则

西瓜在整体生长发育时期对氮、磷、钾养分的吸收是钾最多，氮次之，磷最少。中产地块生产 1 000 千克西瓜果实吸收氮（N）2.46 千克、磷（P_2O_5）0.9 千克、钾（K_2O）3.02 千克，$N：P_2O_5：K_2O$ 比例为 1：0.37：1.23。不同生长发育时期对氮、磷、钾养分的吸收量，幼苗期较少，伸蔓期吸收量增多，果实膨大期吸收量达到最高峰，成熟期趋于缓慢。西瓜生长发育全期氮、磷、钾养分的吸收累积表现为前期少，中后期多，后期少的吸肥特点。在西瓜生长发育的不同时期，植株吸收氮（N）、磷（P_2O_5）、钾（K_2O）的比例：抽蔓期以前为 1：0.21：0.83，吸氮多，钾少，磷最少；果实褪毛期为 1：0.8：0.87，磷的比例提高幅度较大，钾的比例稍有提高；果实膨大期为 1：0.3：1.13，磷的吸收比率又有所下降，钾的吸收比例有所提高；成熟期为 1：0.26：1.22，整个生长发育期前期需氮多，钾多，磷较少，中后期需钾多。

2. 西瓜施肥

西瓜的栽培方式分为露地栽培和保护地栽培两种，其施肥方法大体相同，一般可分为：

（1）基肥：基肥施用方法有撒施、沟施和穴施 3 种。撒施与沟施或穴施相结合效果较好。撒施一般每亩①施优质农家肥 2 000 千克左右，结合每亩施入过磷酸钙 20～30 千克、硫酸钾 3～4 千克。沟施是按定植或播种的行距开沟，在播种或定植前 2 周施肥，一般每亩用优质农家肥 1 500 千克左右、商品有机肥 150 千克。穴施是在播种或定植前 1 周左右，按行每亩向每穴施优质农家肥 1.5 千克或商品有机肥 0.2 千克左右。

（2）追肥。根据西瓜生长发育的需求分次进行追肥，确保西瓜植株稳健生长，果实迅速膨大。西瓜追肥可分 3 次进行。第一次在幼苗长出 2～3 片真叶时，在距苗 15 厘米处每株追氮（N）8～10 千克。第二次在西瓜伸蔓后施催蔓肥，每亩约施氮（N）3～4 千克、磷（P_2O_5）6～8 千克、钾（K_2O）5～8 千克，或每亩追商品有机肥 100 千克左右。第三次在果实膨大期每亩追氮（N）6～8 千克、磷（P_2O_5）3～4 千克、钾（K_2O）10～12 千克。

（3）除土壤追肥外，还可叶面喷施氮、磷、钾肥，对微量元素缺乏的土壤，可喷施微肥，以补充西瓜从土壤中吸收量的不足。在西瓜抽蔓期和坐果期喷施 0.2% 磷酸二氢钾或尿素溶液和 0.2% 硼砂溶液，可防止茎叶早衰，提高产量，改善西瓜品质。

二、草莓施肥技术

1. 草莓营养特性与施肥原则

针对草莓生长期短、需肥量大、耐盐能力较低和病虫害较严重等问题，提出以下施肥原则：

（1）重视有机肥的施用，施用优质农家肥或者商品有机肥，减少土壤病虫害。

（2）根据不同生育期养分需求，合理搭配氮、磷、钾肥，视草莓

---

① 亩为非法定计量单位，1 亩=1/15 公顷≈667 米²。——编者注

品种、长势等因素调整施肥计划。

（3）采用适宜的施肥方法，有针对性施用中微量元素肥料。

（4）施肥与其他管理措施相结合，推广水肥一体化技术，遵循少量多次的灌溉施肥原则。

2. 设施草莓施肥

按照农业农村部发布科学施肥技术意见：

（1）亩产 2 000 千克以上，氮肥（N）18～20 千克/亩，磷肥（P_2O_5）10～12 千克/亩，钾肥（K_2O）15～20 千克/亩；亩产1 500～2 000 千克，氮肥（N）15～18 千克/亩，磷肥（P_2O_5）8～10 千克/亩，钾肥（K_2O）12～15 千克/亩；亩产 1 500 千克以下，氮肥（N）13～16 千克/亩，磷肥（P_2O_5）5～8 千克/亩，钾肥（K_2O）10～12 千克/亩。

（2）常规施肥模式下，化肥分 3～4 次施用。底肥占总施肥量的20％，追肥分别在苗期、初花期和采果期施用，施肥比例分别占总施肥量的 20％、30％ 和 30％。土壤缺锌、硼和钙时，相应施用硫酸锌0.5～1 千克/亩、硼砂 0.5～1 千克/亩，叶面喷施0.3％的氯化钙2～3 次。

（3）采用水肥一体化技术时，在基施优质农家肥 3 000～5 000 千克/亩的基础上，现蕾期第一次追肥，每 10 天随水追施水溶复合肥（N∶P_2O_5∶K_2O＝1∶5∶1）2～3 千克/亩；开花后第二次追肥，每10 天随水追施水溶复合肥（N∶P_2O_5∶K_2O＝1∶5∶1）2～3 千克/亩；果实膨大期第三次追肥，每 10 天随水追施水溶复合肥（N∶P_2O_5∶K_2O＝2∶1∶6）2～3 千克/亩。每次施肥前先灌清水 20 分钟，再进行施肥，施肥结束后再灌清水 30 分钟冲洗管道。

三、甜瓜施肥技术

1. 甜瓜营养特性与施肥原则

甜瓜生育期较短，但生物产量高、需肥大。据报道，每生产

1 000千克甜瓜果实约需氮（N）3.5千克、磷（P_2O_5）1.7千克、钾（K_2O）6.8千克。三要素吸收量的50％以上用于果实的发育，但不同生育期对各种元素的吸收是不同的。甜瓜幼苗期吸肥很少，开花后，对氮、磷、钾的吸收迅速增加，尤其氮、钾的吸收增加很快；坐果后2周左右出现吸收高峰。此后随着生育速度的减缓，对氮、钾的吸收量逐渐下降，果实停止增长以后，吸收量很少。对磷的吸收高峰在坐果后25天左右，并延续到果实成熟。开花至果实膨大末期的1个月左右是甜瓜吸收矿质养分最多的时期。虽然甜瓜品种不同，吸收高峰出现的早晚可能有差异，但对各种元素的吸收规律是一致的。

2. 甜瓜施肥

（1）基肥：露地栽培每亩基施优质农家肥2 000～3 000千克、尿素4千克、过磷酸钙20～30千克、硫酸钾30千克或草木灰200～300千克，混匀施入20～30厘米深的定植沟内。保护地栽培有机肥宜全面撒施，翻入耕层，化肥宜按行条施，一般每亩施农家肥3 000千克左右，或商品有机肥400千克，氮、磷、钾复混肥12～15千克。

（2）追肥：露地栽培一般团棵期每亩追尿素5千克，果实膨大期每亩追硫酸钾5千克、尿素5千克。温室甜瓜一般结合灌水进行追肥，亦可分次叶面追施高效复合液体肥料。追肥多在伸蔓期、膨大期分两次进行。双层结果时也可在上层瓜膨大期再追肥1次。第一次追肥每亩施尿素和磷酸二铵各10～15千克；第二次追肥每亩施磷酸二铵10～15千克、硝酸钾10千克；第三次追肥每亩施硝酸钾5～10千克、磷酸二铵5千克。另外，坐果后，每隔1周喷1次0.3％磷酸二氢钾溶液，连喷2～3次，增产效果显著。

四、黄瓜施肥技术

1. 黄瓜营养特性与施肥原则

黄瓜是浅根作物，根系入土浅、再生能力差、吸肥力弱。定植后，由于不断结果和采收，对营养元素需要量大。据研究，每生产1 000千克果实需吸收氮（N）2.8～3.2千克、磷（P_2O_5）1.2～1.8千克、钾（K_2O）3.8～4.5千克、钙5.0～5.9千克、镁0.6～1.0千克，氮、磷、钾比例约为1∶0.5∶1.4。黄瓜对氮、磷、钾养分的吸收随生育期的不同而变化。从播种到抽蔓末期，生育期约占全生育的1/3左右，但氮、磷、钾的吸收量仅分别占吸收总量的2.4%、1.2%和1.5%。进入结瓜期，三要素吸收速率增加，到结瓜盛期达到最大值，吸氮量占50%，吸磷量占47%，吸钾量占48%。结果后期，对氮的吸收量稍有减少，对磷、钾的吸收量略有增加，吸氮量占47.6%，吸磷量占51.8%，吸钾量占50.5%。

不同栽培方式黄瓜的吸肥特点也略有差别，如地膜栽培黄瓜结瓜盛期前吸收氮的速度较露地栽培提高55%。地膜黄瓜前期吸收磷相对增长不显著；盛瓜期钾吸收速度出现两次高峰。

2. 露地黄瓜施肥

（1）苗床施肥：苗床施肥是结合床土配制进行的，所用床土多为草炭、农家肥和菜园土调配而成，一般园土占60%～70%，农家肥占30%～40%。若黄瓜幼苗发现供肥不足，可用0.5%尿素和0.2%磷酸二氢钾溶液喷施，或每1 000千克园土添加0.25～0.5千克尿素。

（2）基肥：基肥是黄瓜生长发育的主要养分来源，黄瓜喜有机肥，基肥应以有机肥为主。露地黄瓜每亩施农家肥2 000～3 000千克，其中50%表面撒施，50%集中施于定植沟内。施用有机肥的同时，可将磷肥的90%、钾肥的50%也作基肥施入。

（3）追肥：黄瓜生长期内应多次追肥，但每次追肥量不易过大。黄瓜定植后，结合浇水追1次氮肥，每亩施尿素7千克左右。从根瓜开始膨大到果实采收末期，需多次追肥。每亩追尿素3～4千克，其中盛瓜期应重施，每亩宜用25%的复混肥30～40千克。

3. 设施黄瓜施肥

按照农业农村部发布科学施肥技术意见：

（1）基肥施用充分腐熟的优质农家肥 3 000～4 000 千克/亩，或者优质商品有机肥（含生物有机肥）300～500 千克/亩。

（2）产量水平 14 000～16 000 千克/亩，氮肥（N）35～40 千克/亩，磷肥（P_2O_5）13～15 千克/亩，钾肥（K_2O）40～45 千克/亩。

（3）产量水平 11 000～14 000 千克/亩，氮肥（N）30～35 千克/亩，磷肥（P_2O_5）11～13 千克/亩，钾肥（K_2O）35～40 千克/亩。

（4）产量水平 7 000～11 000 千克/亩，氮肥（N）25～30 千克/亩，磷肥（P_2O_5）9～11 千克/亩，钾肥（K_2O）30～35 千克/亩。

（5）产量水平 4 000～7 000 千克/亩，氮肥（N）20～25 千克/亩，磷肥（P_2O_5）7～9 千克/亩，钾肥（K_2O）25～30 千克/亩。

（6）全部有机肥作基肥施用，60%以上的磷肥、20%～30%氮钾肥作基肥施用，施肥方式为条（穴）施，其余氮钾肥在初花期和结瓜期按养分需求分 6～8 次追施，其余的磷肥随氮钾肥追施，每次追施氮肥用量不超过 5 千克/亩；秋冬茬和冬春茬的氮钾肥在初花期和结瓜期分 6～7 次追肥，越冬长茬的氮钾肥在初花期和结瓜期分 8～11 次追肥。如果采用滴灌施肥技术，可减少 20%左右的化肥施用量，采取少量多次的原则，灌溉施肥次数在 15 次左右。

五、南瓜施肥技术

1. 南瓜营养特性与施肥原则

南瓜也是属于忌重茬的作物，所以大面积种植时要选择 2～3 年内未种植过南瓜的地块，最好是土壤偏酸性的砂壤土，同时也要避开甜菜茬。种植前先将地块浇透水，墒情合适时追施基肥，以农家肥为主，配合施用氮、磷、钾复合肥。基肥施入后进行土壤深翻，并耧细耙平，将基肥与土壤充分混合，做成长宽合适的畦，以备播种。

2. 南瓜施肥

首先在整地前，清理前茬作物残株，然后深翻土壤。一般结合整地，每亩可施农家肥 3 000 千克左右，没有农家肥时可用 300 千克 5% 的商品有机肥进行替代，然后再加上 20 千克尿素、25 千克钙镁磷肥、20 千克硫酸钾。

在南瓜种植过程中，还要根据南瓜的生长情况酌情追肥。一般追 3 次肥即可。第一次施南瓜伸蔓肥，一般在南瓜移栽定植后 2 周左右，每亩可随水浇施 5 千克尿素、15 千克硫酸钾。第二次施南瓜膨果肥，在南瓜一批果坐住之后，可以在离南瓜秧 18 厘米处，每亩穴施 100 千克有机肥料，以及 8 千克的硫酸钾。第三次在每次南瓜采收后，每亩随水浇施 5 千克磷酸二氢钾、2 千克尿素，也可以叶面喷施。

六、冬瓜施肥技术

1. 冬瓜营养特性与施肥原则

对于冬瓜的生长和产量形成，追肥占据十分重要的地位，主要把握前轻后重、先淡后浓、勤施薄施的原则。前期追肥应该以氮为主，中后期以氮、磷、钾复合肥为主。

2. 冬瓜施肥

（1）幼苗期。在生长前期，冬瓜植株吸肥能力弱，吸收肥量少，需要薄施肥。在定植 1 周，植株开始缓苗的时候，可以浇施 2～3 次稀粪水。如果基肥不足，缓苗后需要轻施 1 次壮秧肥，每亩追施三元复合肥 15～20 千克。

（2）抽蔓期。当冬瓜植株蔓长到 60～100 厘米、200 厘米的时候，各追施 1～2 次稀粪水，每次 1 000 千克，每隔 3～5 天施用 1 次，以促使植株茎蔓生长。

（3）开花坐瓜期。在坐瓜前期，需要施用坐瓜肥，每亩施用腐熟圈肥 200～300 千克或三元复合肥 10～20 千克，在株间开穴施入。在坐瓜之前，可以施用少量化肥，以免造成生长过旺而化瓜，每次每亩用 5～8 千克的三元复合肥。当冬瓜坐稳后，需要结合浇水，及时追施催瓜肥，这是保证冬瓜高产优质的关键。在坐瓜的中期，应该适施壮瓜肥，每亩施用尿素 6～8 千克或稀粪水 500～1 000 千克，每次间隔 15 天，以防止落花落果，促进瓜膨大。之后需要根据瓜秧生长和土壤干旱情况，追施相应浓度的粪水，并逐渐提高粪水浓度。

（4）瓜膨大期。冬瓜膨大期是需肥量多的时期，也是决定产量高低的关键时期。必须结合浇水，加大追肥量。每亩追施农家肥 1 500～2 000 千克或三元复合肥 15～20 千克。同时，可以喷施 0.5％三元复合肥水溶液或者 0.2％磷酸二氢钾，外加 0.3％尿素水溶液，能够防止植株早衰，延长结瓜期。对于早熟和部分中熟冬瓜品种，先采收嫩瓜上市，收获老熟瓜入库储藏，以便延长供应期。冬瓜在采收前的 10～15 天，必须停止施肥，目的是为了增强冬瓜的耐储性。为了提高施肥效果，追肥不要在雨前施入，也不要在大雨后立即施用。

七、番茄施肥技术

1. 番茄营养特性与施肥原则

番茄又叫西红柿。番茄生长期长，而且有边采收边结果的特点，所以需要养分较多。据试验分析，每生产 1 000 千克番茄果实约需吸收氮（N）2.1～2.7 千克、磷（P_2O_5）0.5～0.8 千克、钾（K_2O）4.3～4.8 千克。对钾的需要量特别大，是喜钾作物。番茄对养分的需要因生育期而不同，从定植到采收末期，氮吸收大体为直线上升，吸收最快的是从第一果实膨大开始，吸收速率和吸收量都有增加。磷的吸收，果实膨大期吸收增多。钾的吸收，自第一果实膨大开始迅速增加，果实膨大盛期，其吸收量约为氮的 1.5 倍。

华北等北方地区多为日光温室种植，华中、西南地区多为中小拱棚种植。针对生产中存在化肥用量偏高，养分投入比例不合理，土壤养分积累明显，过量灌溉、土壤酸化现象普遍，土壤质量退化及钙、镁、硼等中微量元素供应障碍等问题，提出以下施肥原则：

（1）合理施用有机肥料，调整氮、磷、钾化肥用量，非石灰性土壤及酸性土壤需补充钙、镁、硼等中微量元素。

（2）根据作物产量、茬口及土壤肥力合理分配化肥，大部分磷肥基施，氮钾肥追施；生长前期不宜频繁追肥，重视花后和中后期追肥。

（3）推广水肥一体化技术，遵循"少量多次"的灌溉施肥原则。

（4）土壤退化的老棚需进行秸秆还田或施用高碳氮比的有机肥，少施禽粪肥，增加轮作次数，减轻土壤盐渍化和连作障碍。

（5）土壤酸化严重时应适量施用石灰调理土壤。

2. 露地番茄施肥

（1）苗床施肥：只有床土肥沃疏松，氮、磷、钾三要素含量较多，才能使秧苗的花芽形成早、发育快。苗床内一般用草炭、马粪等与菜园土按一定比例混合而成，如草炭 50%～60%、马粪 20%、园土 20%～30%，每 1 000 千克再加 0.3～0.5 千克硫酸铵、1 千克过磷酸钙、0.5 千克硫酸钾，以保证苗期形成较大的营养面积。

（2）基肥：根据试验，基肥用量为每亩施农家肥 2 000～3 000 千克，并配施尿素 5 千克、过磷酸钙 50 千克、硫酸钾 8 千克左右。

（3）追肥：番茄追肥主要是氮肥，根据品种不同，可分 3 次追施。第一次追肥在第一果直径 2～3 厘米时进行，每亩追尿素 5～7 千克。第一穗果采收后，进行第二次追肥，每亩追尿素 3～5 千克、硫酸钾 2～3 千克。高秧、果穗层次多的品种，第二穗果采收后，还要进行追肥，以利后期果实发育。

（4）叶面喷肥：番茄盛果期，可结合打药，于晴天下午 4～6 时进行叶面施肥。用 0.3%～0.5% 的尿素、0.5%～1.0% 的磷酸二氢钾以及 0.3%～1.0% 的硫酸钾混合溶液喷洒 2～3 次，对于保秧健壮，延迟衰老，提高果实品质和产量有良好的效果。

3. 设施番茄施用

按照农业农村部发布科学施肥技术意见：

（1）苗肥增施农家肥，补施磷肥，每 10 米^{2}苗床施经过腐熟的禽粪 60～100 千克、钙镁磷肥 0.5～1 千克、硫酸钾 0.5 千克，根据苗情喷施 0.05%～0.1% 尿素溶液 1～2 次。

（2）基肥施用优质农家肥 4 000～5 000 千克/亩。

（3）产量水平 4 000～6 000 千克/亩，氮肥（N）15～20 千克/亩，磷肥（P_2O_5）5～8 千克/亩，钾肥（K_2O）20～25 千克/亩；产量水平 6 000～8 000 千克/亩，氮肥（N）20～30 千克/亩，磷肥（P_2O_5）7～10 千克/亩，钾肥（K_2O）30～35 千克/亩；产量水平 8 000～10 000 千克/亩，氮肥（N）30～38 千克/亩，磷肥（P_2O_5）9～12 千克/亩，钾肥（K_2O）35～40 千克/亩。70% 以上的磷肥作基肥条（穴）施，其余随复合肥追施。20%～30% 氮钾肥基施，70%～80% 氮钾肥分 7～11 次随水追施。苗期施 1～2 次肥，初花期施 1 次肥，初果期施 1 次肥。结果期根据收获情况，每收获 1～2 次追施 1 次肥，共 4～8 次（无限生长型次数多，量减少）。每次追施氮肥（N）不超过 4 千克/亩。进入盛果期后，根系吸肥能力下降，可叶面喷施 0.05%～0.1% 尿素、硝酸钙、硼砂等水溶液，有利于延缓衰老，延长采收期以及改善果实品质。

（4）菜田土壤 pH 值小于 6 时易出现钙、镁、硼的缺乏，可基施钙肥（Ca）50～75 千克/亩、镁肥（Mg）4～6 千克/亩，根外补施 2～3 次 0.1% 浓度的硼肥。

八、茄子施肥技术

1. 茄子营养特性与施肥原则

茄子为深根系蔬菜，主要根群分布在 30 厘米左右土层中，吸收水分和养分能力强。每生产 1 000 千克茄子果实约需氮（N）2.7～3.0 千克、磷（P_2O_5）0.7～1.0 千克、钾（K_2O）3.7～5.6 千克，其比例约为 1：0.8：1.4。幼苗期对养分的吸收量不大，但对养分的丰缺非常敏感。从幼苗期到开花结果期对养分吸收量逐渐增加，盛果期至末果期养分吸收量约占全期吸收量的 90％以上，其中盛果期占 2/3 左右，是茄子一生养分需要最多的时期。

2. 茄子施肥

（1）苗床肥：一般 10 米^{2}的育苗床中可施入过筛的农家肥 150～200 千克，过磷酸钙和硫酸钾各 0.5 千克，也可加入腐熟的马粪、草炭、锯末等，均匀地撒在畦面，将畦土浅翻 2～3 遍，使肥土混合均匀。温室温床育苗，苗床应选用未种过茄果类作物的熟土 50％，加 50％的腐熟马粪过筛混匀。每 1 000 千克混合土中再加入氮（N）100 克、磷（P_2O_5）500 克、钾（K_2O）300 克。

（2）重施基肥：春播露地茄子每亩施用优质农家肥 1 000～3 000 千克，并配合适量的过磷酸钙与草木灰等磷、钾肥料，施用方法一般在整地前撒施，翻入土中。当肥料较少时，可在耕地后采用穴施或条施进行。夏播茄子处于高温多雨季节，植株需肥量较多，尤其应重视基肥施用。温棚茄子每亩农家肥用量宜为 1 000～3 000 千克、过磷酸钙和硫酸钾各 25 千克

（3）追肥：露地茄子生长期长，产量高，因此，合理地追肥是获得丰产的关键措施。在定植缓苗后，到门茄果实长到直径约 3 厘米时，一般结合浇水每亩施尿素 15～20 千克。随着茄子的迅速膨大，达到茄子需肥的高峰期，一般每采收 1 次，即追肥 1 次，每次每亩追

氮素 4～5 千克。

温棚茄子追肥：温棚茄子定植后至开花坐果期一般不需要追肥，该阶段重点是温度管理。开花坐果期如果出现茄茎较细，叶小色浅，花少而小，可叶面喷施 0.2%～0.3%的尿素或磷酸二氢钾溶液。门茄坐果后，每亩应沟施或穴施氮（N）4～5 千克。门茄采收后，可随水施入尿素 15 千克。茄子采收为结果旺盛期，此期应每隔 1 周浇水 1 次，并结合浇水施肥 1 次，有机肥与化肥交替施用。茄子采收后以施钾肥为主，每亩施硫酸钾 10 千克，以补充土壤中钾的消耗。

九、豇豆施肥技术

1. 豇豆营养特性与施肥原则

豇豆又名豆角、长豇豆、带豆。豆角的根系较发达，但是其再生能力比较弱，根瘤也比较少，固定氮的能力相对较弱。豆角对肥料的要求不高，在植株生长前期（结荚期），由于根瘤尚未充分发育，固氮能力弱，应该适量供应氮肥。开花结荚后，植株对磷、钾元素的需要量增加，根瘤菌的固氮能力增强，这个时期由于营养生长与生殖生长并进，对各种营养元素的需求量增加。相关的研究表明：每生产 1 000 千克豆角，需要纯氮 10.2 千克，五氧化二磷 4.4 千克，氧化钾 9.7 千克，但是因为根瘤菌的固氮作用，豆角生长过程中需钾素营养多，磷素营养次之，氮素营养相对较少。因此，在豆角栽培中应适当控制水肥，适量施氮，增施磷、钾肥。

2. 豇豆施肥

（1）重施基肥：豆角忌连作，选择 3 年内未种过棉花和豆科植物的地块，基肥以施用农家肥为主，配合施用适当配比的复合（混）肥，如 15-15-15 含硫复合肥等类似的高磷、钾复合（混）肥，比较适合于作基肥使用。值得注意的是在施用基肥时应根据当地的土壤肥力，适量的增、减施肥量。

（2）巧施追肥：定植后以蹲苗为主，控制茎叶徒长，促进生殖生长，以形成较多的花序。结痂后，结合浇水、开沟，追施农家肥1 000千克/亩或者施用 20-9-11 含硫复合肥等类似的复合（混）肥50～80 千克/亩，以后每采收两次豆荚追肥 1 次，施尿素 5～10千克/亩、硫酸钾 5～8 千克/亩，或者追施 17-7-17 含硫复合肥等类似的复合（混）肥 8～12 千克/亩。为防止植株早衰，次产量高峰出现后，一定要注意肥水管理，促进侧枝萌发和侧花芽的形成，并使主蔓上原有的花序继续开花结荚。

（3）喷施叶面肥：豆角在生长中后期往往会表现出各种缺乏微量元素的症状，如黄叶等。应在生长前期，即幼苗期和引蔓期喷施叶面肥。

十、辣椒施肥技术

1. 辣椒营养特性与施肥原则

辣椒生育期分为发芽期、幼苗期、开花结果期。全生育期较长，需肥量大。据研究资料显示，每生产 1 000 千克辣椒果实需氮（N）3.7～5.4 千克、磷（P_2O_5）0.8～1.3 千克、钾（K_2O）5.5～7.0 千克、钙 2～4.5 千克、镁 0.7～3.0 千克。需钾最多，氮次之，磷最少。各营养元素的吸收量随生育期的不同而变化，一般从开花结果开始，养分吸收明显增加，采果盛期对三要素的吸收先后达到高峰，氮、磷、钾的吸收量分别占各自吸收总量的 57%、61%、70%。尤其对钾和氮的吸收强度最大、速率也高。辣椒进入果实采收盛期后，对镁的吸收量有所增加，此时如果镁不足，叶脉黄化，易表现出缺镁的症状。

（1）因地制宜地增施优质农家肥，夏季闷棚之后推荐施用生物有机肥。

（2）开花期控制施肥，从始花到分枝坐果时，除植株严重缺肥可略施速效肥外，都应控制施肥，以防止落花、落叶、落果。

（3）幼果期和采收期要及时施用速效肥，以促进幼果迅速膨大。

（4）辣椒移栽后到开花期前，促控结合，薄肥勤浇。

（5）忌用高浓度肥料，忌湿土追肥，忌在中午高温时追肥，忌过于集中追肥。

（6）提倡应用水肥一体化技术，做到控水控肥、提质增产、提高水肥利用效率。

2. 辣椒施肥

按照农业农村部发布科学施肥技术意见：

（1）优质农家肥 4 000～5 000 千克/亩作基肥一次施用。

（2）产量水平 2 000 千克/亩以下，施氮肥（N）6～8 千克/亩，磷肥（P_2O_5）2～3 千克/亩，钾肥（K_2O）9～12 千克/亩；产量水平 2 000～4 000 千克/亩，施氮肥（N）8～16 千克/亩，磷肥（P_2O_5）3～4 千克/亩，钾肥（K_2O）10～18 千克/亩；产量水平 4 000 千克/亩以上，施氮肥（N）16～20 千克/亩，磷肥（P_2O_5）4～5 千克/亩，钾肥（K_2O）18～24 千克/亩。

（3）一般情况下氮肥总量的 20%～30% 作基肥，70%～80% 作追肥，对于气温高、湿度大的情况，应减少氮肥基施量，甚至不施；磷肥可 60% 作基肥，留 40% 到结果期追肥；钾肥总量的 30%～40% 作基肥，60%～70% 作追肥，追肥期为门椒期、对椒期、盛果期。盛果期根据收获情况，每收获 2 次追施一次肥，共 3 次。

（4）在辣椒生长中期注意分别喷施适宜的叶面硼肥和叶面钙肥，防治辣椒脐腐病。

十一、结球甘蓝施肥技术

1. 结球甘蓝营养特性与施肥原则

结球甘蓝又叫甘蓝、包菜、包心菜、卷心菜等。结球甘蓝要合理增施有机肥，减少化肥用量，有机肥与化肥配合施用。肥料分配上以基肥、追肥结合为主；追肥以氮肥为主，氮、磷、钾合理配合；注意在莲座期至结球后期适当地补充钙、硼等中微量元素，防止"干烧心"等病害的发生。采用高产高效栽培技术，特别是结合节水灌溉技术，推荐应用水肥一体化技术，充分发挥水肥耦合效应，提高水肥利用效率。

2. 结球甘蓝施肥

按照农业农村部发布科学施肥技术意见：

(1) 基肥一次施用优质农家肥 2 000～3 000 千克/亩。

(2) 产量水平 4 500～5 500 千克/亩，氮肥（N）13～15 千克/亩，磷肥（P_2O_5）4～6 千克/亩，钾肥（K_2O）8～10 千克/亩；产量水平 5 500～6 500 千克/亩，氮肥（N）15～18 千克/亩，磷肥（P_2O_5）6～10 千克/亩，钾肥（K_2O）12～14 千克/亩；产量水平大于 6 500 千克/亩，氮肥（N）18～20 千克/亩，磷肥（P_2O_5）10～12 千克/亩，钾肥（K_2O）14～16 千克/亩。氮钾肥 30%～40% 作基施，60%～70% 在莲座期和结球初期分两次追施，雨水丰富或土壤肥力水平较低的地块，在莲座期前封行时分配 10%～15% 的用量，磷肥全部作基肥条施或穴施。

(3) 对往年"干烧心"发生较严重的地块，在苗期至结球初期施用硝酸铵钙；对于缺硼的地块，可基施硼砂 0.5～1 千克/亩，或叶面喷施 0.2%～0.3% 的硼砂溶液 2～3 次。同时可结合喷药喷施 2～3 次 0.5% 的磷酸二氢钾，提高甘蓝的净菜率和商品率。

十二、花椰菜施肥技术

1. 花椰菜营养特性与施肥原则

花椰菜包括花菜和西蓝花。花椰菜对养分的吸收量较大，每生产 1 000 千克商品花球，约需吸氮（N）7.5～10 千克、磷（P_2O_5）2.1～3.2 千克、钾（K_2O）10.2～12.5 千克。在花蕾出现前，养分吸收少而且多集中在叶片中，随着花蕾的出现和膨大，养分吸收迅速增加，花球膨大盛期是花椰菜养分吸收最多，速度最快的时期。花椰菜对镁、硼、钼等中微量元素反应敏感，缺硼时常引起花茎中心开裂，花球呈锈褐色，味苦；缺镁时，叶片易变黄。

2. 花椰菜施肥

（1）基肥：早熟品种生长期短，生长迅速，前期养分要求高，基肥以农家肥并配施速效氮、磷肥为主。中晚熟品种，生育期长，基肥以商品有机肥、农家肥并配施磷、钾化肥为主。基肥用量根据品种特性而定，早熟品种每亩施农家肥1 500～2 000千克；中晚熟品种一般每亩施农家肥2 500～3 000千克或商品有机肥200～500千克，再加过磷酸钙15～20千克、草木灰50千克。

（2）追肥：追肥以速效性氮肥为主，配施磷、钾肥可以促进花球的膨大，尤其在花球开始形成时应加重施肥量。一般从定植到收获需追肥2～3次，追肥用量宜为：早熟品种每亩用商品有机肥100～200千克、尿素8～10千克。中晚品种每亩用商品有机肥200～300千克、尿素10～15千克、草木灰75～100千克。追肥重点应放在中后期。

（3）叶面喷肥：在酸性土壤上，由于缺钙阻碍了硼的吸收，叶面易发生龟裂或出现小叶，可在苗期和花蕾期喷施浓度为0.1％～0.2％的硼砂溶液，以利花菜正常生长。

十三、菜薹施肥技术

1. 菜薹营养特性与施肥原则

菜薹包括紫菜薹、红菜薹、白菜薹。红菜薹生长期长，且多次采收，为了保证菜薹鲜嫩，在施肥上应底肥与追肥并重，要求底肥足、苗肥轻、薹肥重，并配施磷钾肥。底肥以有机肥为主，配施适量化肥。

2. 菜薹施肥

结合整地，每亩施入优质农家肥 2 000~3 000 千克或商品有机肥 200 千克，深翻耙细整平起垄后，再在垄上顺种植行开沟每亩施入 45%高氮复合肥 40 千克左右，如 22-8-12 硫钾复合肥。定植缓苗后可以轻施提苗肥，每亩追施硝铵磷 3~5 千克，兑水浇施，以培育健壮的营养体，为后期红菜薹的抽薹奠定营养基础。在菜薹形成前，顺种植行每亩条施或穴施高氮复合肥，像 45%高氮复合肥 10~15 千克，以促进菜薹的肥大鲜嫩，提高经济产量。在主薹采收后，为了促使基部腋芽抽发粗壮侧薹，可每亩再追施高氮复合肥 10~15 千克。

十四、大白菜施肥技术

1. 大白菜营养特性与施肥原则

大白菜是一种高产蔬菜，对氮、磷、钾三要素的吸收量以钾最多，其次是氮，再次是磷。每生产 1 000 千克大白菜净菜需氮（N）2.6 千克、磷（P_2O_5）1.1 千克、钾（K_2O）3.1 千克。大白菜全生育期不同阶段对养分的需求量不同，不同生育期吸收氮、磷、钾的比例也不同。苗期氮的吸收量占总吸收量的 5.1%~7.8%，磷占 3.2%~5.3%，钾占 3.6%~7.0%，进入莲座期，氮的吸收占总量的 27.5%~40.1%，磷占 29.1%~45.0%，钾占 34.6%~54.1%。结球初、中期是生长最快、养分吸收最多的时期，氮吸收占总量的 30%~52%，磷占 32%~51%，钾占 44%~51%。结球后期至收获期，养分吸收明显减少，氮吸收占总量的 16%~24%，磷占 15%~20%，钾占 2%~4.5%。由此可见，大白菜需肥最多的时期是莲座期和结球初期，而且这两个时期对养分的吸收速率最快，所以，莲座期和结球初期应特别注意氮、磷、钾养分的供给。

针对大白菜生产中有机肥施用量不足，偏施氮肥，单次施肥量过大，盲目施用高磷复合肥，蔬菜地土壤酸化等问题，提出以下施肥原则：

（1）合理施用有机肥料，提倡施用腐熟的农家肥或商品有机肥，忌用没有充分腐熟的农家肥，有机无机配合施用。

（2）依据土壤肥力和目标产量，优化氮、磷、钾肥用量。

（3）以基肥为主，基肥追肥相结合。追肥以氮钾肥为主，适当补充微量元素。莲座期之后加强追肥管理，包心前期需要增加一次追肥，采收前两周不宜追氮肥。

（4）北方石灰性土壤有效硼含量较低，南方酸度大的土壤有效钼含量较低，应注意微量元素的补充。

（5）土壤酸化严重时应适量施用石灰。

2. 大白菜施肥

按照农业农村部发布科学施肥技术意见：

（1）产量水平 8 000～10 000 千克/亩，施充分腐熟的优质农家肥 3 000～4 000 千克/亩或商品有机肥 300～400 千克/亩；氮肥（N）20～25 千克/亩，磷肥（P_2O_5）7～9 千克/亩，钾肥（K_2O）25～30 千克/亩。

（2）产量水平 6 000～8 000 千克/亩，施充分腐熟的优质农家肥 3 000～4 000 千克/亩或商品有机肥 300～400 千克/亩；氮肥（N）15～20 千克/亩，磷肥（P_2O_5）5～7 千克/亩，钾肥（K_2O）20～25 千克/亩。

（3）产量水平 4 500～6 000 千克/亩，施充分腐熟的优质农家肥 2 000～3 000 千克/亩或商品有机肥 200～300 千克/亩；氮肥（N）10～13 千克/亩，磷肥（P_2O_5）4～6 千克/亩，钾肥（K_2O）13～15 千克/亩。

（4）产量水平 3 500～4 500 千克/亩，施充分腐熟的优质农家肥 2 000～3 000 千克/亩或商品有机肥 200～300 千克/亩；氮肥（N）8～10 千克/亩，磷肥（P_2O_5）3～4 千克/亩，钾肥（K_2O）10～13 千克/亩。

（5）基肥重视有机无机配合施用，全部有机肥和磷肥以条施或穴施方式作基肥，氮肥 30％作基肥，70％分别于莲座期和结球前期结合灌溉分两次作追肥施用；注意在包心前期追施钾肥，占总施钾量的 50％左右。

（6）微量元素硼缺乏的地块，可于播种前基施硼砂 1 千克/亩，或于生长中后期用 0.1％～0.5％的硼砂或硼酸水溶液进行叶面喷施，每隔 5～6 天喷一次，连喷 2～3 次。大白菜为喜钙作物，除了基施含钙肥料（如过磷酸钙）以外，还可叶面喷施 0.3％～0.5％的氯化钙或硝酸钙溶液。南方菜地土壤 pH＜5 时，每亩施用生石灰 100～150 千克，可调节土壤和补充钙素。

十五、上海青和小白菜施肥技术

1. 上海青和小白菜营养特性与施肥原则

上海青和小白菜同属十字花科，生长、采摘、食用相似。小白菜适应性强，我国南北方均有栽培。根系分布浅，吸收能力低，生长期间应不断供给充足的肥水。以底肥为主，追肥为辅；有机肥为主，化肥为辅，增施有机肥可以改良土壤结构，增施保水保肥能力；氮、磷、钾合理配合，根据不同作物合理配方施肥。总的要求"控氮、稳碳、增钾、补素"，即控制氮肥尤其是氮肥化肥的用量，稳定碳肥，增加钾肥，补充微量元素硼、钼及中量元素钙。

2. 上海青和小白菜施肥

上海青和小白菜栽培多采用育苗移栽的方式。育苗地应选择没有种过十字花科作物、保肥力强、排水良好的土壤。一般每亩施商品有机肥 200～400 千克作基肥，翻耕一遍后即可作畦。如播前未施基肥，可于播种后在畦面上每亩施商品有机肥 100～200 千克。在间苗后施 1 次尿素 10～20 千克。起苗时结合灌水施 1 次尿素，10 千克左右。大棚追肥应掌握勤施薄施的原则，如尿素每亩每次施 10～15 千克。

有些可以叶面喷施，如尿素按 0.5%～1.0%、磷酸二氢钾按 0.3%～0.6%、微量元素硼酸按 0.05%～0.1% 浓度喷施。

十六、苋菜施肥技术

1. 苋菜营养特性与施肥原则

栽培苋菜要选地势平坦、排灌方便、杂草较少的田块。苋菜生育期短，具有极强的吸肥能力，要及时进行追肥。苋菜在肥水充足的条件下，营养生长旺盛，茎叶肥嫩，品质优良。

2. 苋菜施肥

（1）基肥。结合整地每亩施腐熟优质农家肥 5 000 千克或商品有机肥 300 千克、45% 硫酸钾型复合肥 40 千克、石灰 150 千克，将土块整细耙匀，使床土耕作层深厚、肥沃、松软。

（2）追肥。当幼苗有 2 片真叶时进行第一次追肥，每亩追施尿素 10 千克；12 天以后进行第二次追肥，每亩追施尿素 10 千克；当第一次采收苋菜后，及时进行第三次追肥，每亩追施尿素 10 千克左右。以后每采收 1 次追肥 1 次，每亩追施尿素 10 千克。

（3）晚春和秋季栽培苋菜追肥。苗高 5～6 厘米时追肥 1 次，每平方米施硫酸铵 10～15 千克，12 天以后进行第二次追肥，每平方米施硫酸铵 15～20 千克。第一次采收后进行第三次追肥，每平方米施硫酸铵 10～15 千克，以后每采收 1 次，均要进行以氮肥为主的追肥，然后浇水，促进侧梢长出。

（4）大棚苋菜施肥。结合整地每亩施腐熟猪粪 4 000～4 500 千克、三元复合肥 25 千克左右作为基肥，其中猪粪于播种前 10 天施于土壤中，三元复合肥于播种前 2～3 天施于土壤中。幼苗 3 片真叶时追第一次肥，以后则在采收后的 1～2 天进行追肥，结合浇水每次每亩追施三元复合肥 10～15 千克、尿素 15 千克，棚内苋菜生长快，易出现微量元素缺乏，要注意施用硼锌肥。

十七、菠菜施肥技术

1. 菠菜营养特性与施肥原则

菠菜根系十分发达，分布范围可达 1 米^3，喜欢富含有机质的砂壤土，pH6.3～7.0 中性土壤为宜。菠菜是绿叶蔬菜，一年四季均可种植，每生产 1 000 千克商品菜需纯氮（N）2.1～3.5 千克、磷（P_2O_5）0.6～1.1 千克、钾（K_2O）3.0～5.3 千克。菠菜生长期短，生长速度快，产量高，需肥量大。要求有较多的氮肥促进叶丛生长。就氮肥的种类、施肥量和施肥时间来说，菠菜是典型喜硝态氮肥的蔬菜，硝态氮与铵态氮的比例在 2∶1 以上时产量较高。

栽培菠菜前结合土壤耕作要施足肥料，基肥应以有机肥为主，并配合一定的化肥，施足苗肥并及时追肥。用腐熟的人畜粪或堆杂肥作基肥，以保证根系发育良好，特别是越冬菠菜，若不施基肥或基肥不足，则幼苗生长细弱，耐寒力降低，越冬期死苗率高，返青后营养不足生长缓慢，影响产量。在越冬返青以后，菠菜追一次速效氮肥。

2. 菠菜施肥

（1）基肥。春菠菜播种早，可于春节前整地施肥，每亩施农家肥 4 000～5 000 千克、45%通用型复合肥 40～50 千克。深翻 20～25 厘米，耙平做畦，当早春土壤化冻 7～10 厘米深时即可播种。

夏菠菜以选择中性黏质土壤为宜，可用农家肥和化肥混合物撒施做底肥。每亩施农家肥 3 000～4 000 千克、过磷酸钙 30～35 千克、氮肥 20～25 千克、硫酸钾 10～15 千克，或高氮高钾复合肥 40～50 千克。深翻地 20～25 厘米，耙平做畦。

秋菠菜每亩施农家肥 4 000～5 000 千克、过磷酸钙 30～40 千克，或高磷复合肥 25～30 千克。深翻地 20～25 厘米，做高畦或平畦。

越冬菠菜每亩可撒施农家肥 5 000 千克、过磷酸钙 30～35 千克，或高磷复合肥 25 千克左右。深翻地 20～25 厘米，使土肥充分混匀，疏松土壤，促进幼苗出土和根系发育。基肥充足，幼苗生长健壮，是蔬菜安全越冬的关键。

（2）追肥。春菠菜在生育中后期，吸收肥水量加大，每亩可随水追施氮肥 15～20 千克或高氮复合肥（28-8-8）10～15 千克。由于春菠菜生长期短，氮肥充足可使叶片生长旺盛，延迟抽薹期。

夏菠菜正处高温季节播种，出现 2～3 片真叶后，追 1～2 次速效氮肥，每亩可施氮肥 10～15 千克或高氮复合肥 10～15 千克。

秋菠菜幼苗出土后，长到 4～5 片真叶时，应分期追施 2～3 次速效性氮肥。每亩随水追施氮肥 20～25 千克或高氮复合肥 15～20 千克。促进叶片加厚生长，增加产量，提高品质。

越冬菠菜在冬季需进行长时间的休眠，所以要注意施肥。越冬之前，菠菜幼苗高 10 厘米左右，需根据生长情况，追施 1 次越冬肥，每亩可追施通用型复合肥 10～15 千克。翌年春天，应及时追肥，每亩可施氮肥 20～25 千克或高氮复合肥 15～20 千克，可增加叶片营养，促进植株生长。菠菜进入旺盛生长期后，应及时追肥，结合浇水每亩施氮肥 10～15 千克。

（3）中微量元素叶面施肥。在缺铁、锌、锰、硼等微量元素的土壤上，易发生黄叶、小叶、软腐等，可在生长期喷施 2～3 次微量元素溶液，以提高菠菜的抗逆性能，促进菠菜生长。

十八、莴苣和生菜施肥技术

1. 莴苣和生菜营养特性与施肥原则

莴苣和生菜品种、栽培相似。莴苣和生菜需水、需肥量大，养分吸收量随着生长的加快和生长量的增加而增加，全生育期需要的氮肥最多。每生产 1 000 千克生菜，需吸收氮 2.5 千克、磷 1.2 千克、钾 4.5 千克。其中结球生菜需钾较多。莴苣和生菜整个生长周期对肥料的要求：苗期对氮肥的需求较高，对磷次之，钾肥的需求较少；到了中期，此时进入莴苣和生菜生长的旺盛期，对氮肥、钾肥的需求都在不断增大，氮肥的需求量达到整个生菜生长的高峰，而此时对钾肥的需求量也在不断的增大；到了中后期，也就是莴苣和生菜开始结球的时期，此时对钾肥的需求达到了高峰，氮肥的需求则开始慢慢减少。莴苣和生菜对硼锌微量元素也有很大的需求。

针对莴苣和生菜生产中有机肥施用量少，偏施氮肥，磷钾肥施用量不足，施肥时期和方式不合理等问题，提出以下施肥原则：

（1）增施有机肥料，有机无机配合施用，控制氮肥，增施钾肥。

（2）基肥、追肥结合，追肥以氮为主，合理配施磷钾肥。

（3）酸化严重的菜园适量施用石灰。

（4）施肥与优质栽培技术结合，推广高效节水灌溉和水肥一体化技术，提高肥水利用效率。

2. 莴苣施肥

按照农业农村部发布科学施肥技术意见：

（1）基肥施用经过充分腐熟的猪粪、鸡粪、牛粪等优质农家肥 2 000～3 000 千克/亩或商品有机肥（含生物有机肥）200～300 千克/亩。

（2）产量水平 3 500 千克/亩以上，氮肥（N）10～12 千克/亩，磷肥（P_2O_5）4～6 千克/亩，钾肥（K_2O）10～14 千克/亩。

（3）产量水平 2 500～3 500 千克/亩，氮肥（N）6～10 千克/亩，磷肥（P_2O_5）3～4 千克/亩，钾肥（K_2O）8～10 千克/亩。

（4）产量水平 1 500～2 500 千克/亩，氮肥（N）5～6 千克/亩，磷肥（P_2O_5）2～3 千克/亩，钾肥（K_2O）6～8 千克/亩。

（5）氮肥全部作追肥，按照 20％、30％和 50％的比例分别在移栽返青期、莲座期和快速生长初期 3 次追施。磷肥全部作基肥条施或穴施。钾肥 40％～50％作基施，其余在莲座期和快速生长初期分两次追施。南方菜园土壤 pH<5 时，施用生石灰 100～150 千克/亩。

3. 生菜施肥

在亩产生菜 2 500～3 000 千克的地块上，全生育期每亩施肥量为农家肥 2 500～3 000 千克、氮肥（N）14～17 千克、磷肥（P_2O_5）6～8 千克、钾肥（K_2O）11～13 千克。氮钾肥分基肥和追肥 2 次施用，磷肥全部作基肥。基肥：有机肥作基肥一次性施入，另外每亩施尿素 4～5 千克、磷酸二铵 13～17 千克、硫酸钾 7～8 千克、硝酸钙 15 千克或 40％的复合肥（15-10-10）40～50 千克。追肥：莲座期每亩施尿素 11～14 千克、硫酸钾 8～9 千克或 45％高氮钾复合肥（25-0-20）20～25 千克，包心初期每亩施尿素 5.5～7 千克、硫酸钾 8～9 千克或 45 高氮钾复合肥（25-0-20）20～25 千克。

十九、空心菜施肥技术

1. 空心菜营养特性与施肥原则

空心菜又名竹叶菜、空筒菜、藤藤菜、通心菜、无心菜、蕹菜。空心菜生长期长，多次采收，对肥料的需求较大。空心菜对肥水需求量很大，除施足基肥外，还要追肥。基肥要施足，尤其是有机肥。每次采摘后都要追 1～2 次肥，追肥时应先淡后浓，以氮肥为主，如尿素等。空心菜对氮肥需求量大，但是氮肥，尤其硝态氮肥不宜施用过量，否则会导致空心菜产品硝酸盐含量超标。必须注意防止空心菜采收后期脱肥，影响产量。

2. 空心菜施肥

（1）空心菜露地直播栽培施肥方法：应选土层深厚、土壤肥沃、富含有机质的地块，在早春每亩施优质农家肥 5 000～6 000 千克、过磷酸钙 20～30 千克、氯化钾 10～15 千克作为基肥，均匀撒施地表，翻耕入土，耙平，作成平畦，浇足水，待适墒时浸种催芽后播种。出苗后，经常保持土壤湿润，株高 20 厘米左右即可间苗上市。若多次采收，每次采收后，结合浇水每亩追施尿素 7～10 千克。

（2）保护地育苗移栽施肥方法：①育苗施肥：空心菜苗期营养土可用肥沃田土 8 份、优质农家肥 2 份混合均匀。每 1 000 千克营养土加入 0.5 千克过磷酸钙、0.3 千克氯化钾，掺匀整平，床土厚 10～15 厘米，浇足底水后撒播种子。②定植前施基肥：空心菜定植前每亩施优质农家肥 4 000～6 000 千克、过磷酸钙 30～40 千克、氯化钾 10～15 千克，精细整地后作成高畦，浇水后，待适墒时定植移栽。③追肥：空心菜定植缓苗后，随浇水施提苗肥，以氮肥为主，每亩施尿素 7～8 千克。以后每 10 天左右追 1 次肥，每次每亩施尿素 8～10 千克。经常保持土壤湿润，当株高 20～25 厘米时可收割上市。以后每 15 天采收 1 次，每次采收后应及时浇水追肥，每亩追施尿素 70～10 千克、硫酸铵 15～20 千克。

二十、叶用薯尖施肥技术

1. 叶用薯尖营养特性与施肥原则

叶尖生长前期植株小，需肥少。在采摘和修剪后，必须追肥，如追施氮肥。追肥后要浇水，否则易产生肥害，叶面发黄。

2. 叶用薯尖施肥

小面积种植，基肥以有机肥（商品有机肥或农家肥）为主，每亩配施 75 千克（45％含量）复合肥。追肥应以尿素、钾肥为主。大面积种植，基肥每亩施 75 千克（45％含量）复合肥，追肥应以尿素和钾肥为主。高产栽培叶用薯尖应选择排灌方便、土质疏松肥沃的壤土或砂壤土地块栽培。定植前将地块深翻晾晒，结合整地每亩施农家肥 3 500 千克、三元复合肥（氮、磷、钾含量各 15％，下同）50 千克。开好"三沟"后整平畦面，为方便采摘薯尖，畦面宽应控制在 1.22～1.5 米，沟宽 0.4 米，沟深 0.2 米。地下水位较高的地块应起深沟做高畦。叶用薯尖喜肥水，早晚小水勤浇，保持土壤湿润，多雨季节要清沟排涝，防止淹根。追肥以农家肥和氮肥为主，每采收1次追肥1次。修剪后可结合中耕除草，每亩追施尿素10千克、氮磷钾45％复合肥5千克，注意要待割口干后再追施肥水。有条件的地区可以采用水肥一体化技术追施肥水，即在田间安装喷灌设能，把沼液、水溶性肥用水稀释后早晚喷施，既可节约人工，又可提高薯尖产量和品质。

二十一、芹菜施肥技术

1. 芹菜营养特性与施肥原则

芹菜是蔬菜作物中要求土壤肥力水平较高的种类之一。它吸肥能力低而耐肥力较高。吸肥特点随着生育期的不同而变化。前期主要以氮、磷营养为主，以促进根系发达和叶片的生长。在生育中期（4～5叶到8～9叶期）养分吸收从以氮、磷为主体变为以氮、钾为主体，氮与钾比例平衡时，有利于促进心叶的发育。芹菜生长最盛期（8～9叶到11～12叶期）是养分吸收最多的时期，也是氮、磷、钾向心叶积累最显著的时期。据调查分析，生产1 000千克商品菜约需氮（N）1.8～2.0千克、磷（P_2O_5）0.7～0.9千克、钾（K_2O）3.8～4.0千克。此外，芹菜对硼和钙比较敏感，需求量大。缺硼或钙素不足时，芹菜易发生干心病。因此，生产上应注意增施硼肥和钙肥。

2. 芹菜施肥

芹菜幼苗期较长，多采用育苗移栽。苗床宜选肥沃疏松的土壤，每10米²施农家肥30～40千克，与土充分混匀。也可人工配制营养土育苗，一般用菜园土60％、农家肥40％配制，可达到壮苗的目的。

定植前1个月左右结合整地每亩施农家肥2 000～3 000千克、氮磷钾复混肥（含量25％）40千克左右。缺钙的土壤每亩可施入50千克左右的石灰，缺硼的土壤每亩可施入0.5～1千克的硼肥。

由于芹菜根系浅，而且栽培密度大，除在定植前施足基肥外，在追肥上应掌握勤施少施的原则。一般在定植后的缓苗期间生长较慢，养分吸收量少，可不追肥，缓苗后可施一次提苗肥，施用量每亩随水施氮（N）2～3千克。当芹菜叶柄伸长，进入生长盛期时，要多次追肥，植株30厘米左右时，每亩施氮（N）4～5千克，10～15天后再追氮1次，肥料种类和用量同前。每次追氮后要结合灌水。棚室芹菜的施肥技术主要是，定植时施足有机肥，并将全部磷肥、50％钾肥和30％氮肥作基肥施入。定植后1个月左右追施剩余氮肥的1/2和全部钾肥。追肥时立即灌水。追肥20天后，再追施余下的氮肥。

二十二、芦笋施肥技术

1. 芦笋营养特性与施肥原则

芦笋是多年生的宿根性植物。每年春季由地下茎抽生嫩茎供食用。嫩茎抽生的多少，受施肥影响很大。据研究，每生产1 000千克芦笋嫩茎约需吸收氮（N）17.0千克、磷（P_2O_5）4.4千克、钾（K_2O）14.9千克、钙13.1千克。芦笋对养分的吸收随植株的生长规律而变化。冬季植株处于休眠状态，基本上不吸收矿质养料。第二年春季土温回升，鳞芽开始萌动，贮藏根伸长，老根部位发生新的吸收根，并抽生嫩茎，地上茎也开始延伸，这时长出大量新的贮藏根。养分吸收明显增加，氮、钾的吸收量高于磷。采收结束后，氮、钾的吸收量仍然较多，磷的吸收量降低，对钙的吸收量远高于磷。

2. 芦笋施肥

（1）基肥：定植前一般每亩施优质农家肥3 000千克，深翻土，做畦后在畦内深挖定植沟，沟内每亩再施农家肥2 000千克、25％的复混肥40千克。

（2）追肥：植株成活至8月份，幼龄芦笋一般每隔1个月左右抽发一批新的嫩茎，因而要相应地施用追肥。9月中、下旬重施秋发肥，每亩施25％的复混肥30千克。10月初每亩再追尿素6千克、氯化钾10千克。入冬后，结合中耕每亩施农家肥1 500千克，以利安全越冬，促进春季根、茎早发。

芦笋经一年培育进入采收期，施肥量应随产量的增加而增加。春季施催芽肥，每亩施 25％复混肥 15～35 千克；4 月底追 25％复混肥每亩 7～10 千克，母茎伸长停止起，每隔 10～15 天每亩追尿素 4 千克、氯化钾 3 千克。采收终止后，9 月底至 10 月初结合中耕每亩施农家肥 2 000 千克、25％的复混肥 15 千克左右。

二十三、大葱施肥技术

1. 大葱营养特性与施肥原则

大葱比较喜肥，特别对氮素的反应很敏感。每生产 1 000 千克大葱需吸收氮（N）2.5～3.0 千克、磷（P_2O_5）0.5～0.6 千克、钾（K_2O）3～4 千克。大葱生长盛期吸收氮的量要高于钾，而进入叶鞘充实期，对钾的吸收量要高于氮。大葱对磷的要求以幼苗期最敏感，苗期缺磷时会严重影响大葱的最终产量。大葱生长进入旺盛期以后，吸肥量最多，是供肥的关键时期。钙、镁、硼和锰，对大葱的生长也有一定的影响。在三要素满足供应的情况下，增施钙、锰和硼，能使葱白长而粗，产量提高。

2. 大葱施肥

（1）苗期施肥。大葱的播种畦以施用有机肥为主，一般每亩施农家肥 2 000～3 000 千克或者商品有机肥 300～500 千克、过磷酸钙 40～60 千克，施后深翻耧细耙平，再整畦。为使幼苗安全越冬，在封冻时浇一次冻水，几天后在畦面上覆盖 1 厘米厚的秸秆或农家肥，目的是防寒保墒。在定植前要施足基肥，可采用全面撒施和沟施相结合的办法。一般每亩撒施农家肥 2 000～3 000 千克或者商品有机肥 300～500 千克，深翻后使土肥充分混合。平整好后，按定植距离开沟，在沟内每亩施入 100～150 千克商品有机肥，再将沟底刨松，然后定植。

（2）定植后追肥。在发叶盛期开始进行，并要掌握好有机肥料与速效化肥的配合施用。第一次追肥，每亩施农家肥 3 000 千克于垄背上，或施用商品有机肥 150 千克，施后随即浅锄 1 次，并浇水 1 次。过 2 周左右追第二次肥，每亩撒施草木灰 100 千克、尿素 10 千克、过磷酸钙 30 千克，施肥后结合深锄，进行培土、浇水。1 个月后进行第三次追肥，每亩追施尿素 10～15 千克、硫酸钾 15 千克左右，或 45％的复混肥 20 千克左右。追肥后浇水、培土，此时葱白迅速增重而充实，直至收获。如果土壤肥力较高，底肥充足，可不进行第一次追肥。生长期较短和土壤保肥力好的地区，可省去第三次追肥。

二十四、大蒜施肥技术

1. 大蒜营养特性与施肥原则

据分析，在亩产蒜头 1 000 千克以上的地块，每生产 100 千克蒜头，需氮（N）15.5 千克、磷（P_2O_5）4.7 千克、钾（K_2O）11.2 千克。其中氮需要量最多，其次是钾，同时还需充足的硫、钙、镁等。大蒜对氮素的吸收在鳞茎膨大期最多，对磷的吸收在蒜薹伸长期最多，对钾的吸收在鳞茎膨大期最多。

2. 大蒜施肥

根据大蒜的需肥特点，合理施肥是夺取大蒜丰产的主要措施之一。大蒜施肥主要有基肥和追肥。

（1）基肥：由于大蒜根系浅，根毛少，吸肥力弱，要求施足基肥且肥料质量好。基肥以有机肥为主，一般用腐熟的农家肥，每亩 2 000～3 000 千克，加商品有机肥 50～100 千克、尿素 10 千克、过磷酸钙 50 千克、硫酸钾 30 千克、硫肥 4 千克。有机肥和化肥均在犁地前均匀撒施，然后耕翻耙平，作畦，开沟播种。

（2）追肥：大蒜追肥应分次进行，越冬前可追一次腐熟的农家肥，每亩 1500 千克，利于保苗防止冻害。主要追肥是在春后，蒜苗根系开始生长时，开沟追肥 1 次，每亩追尿素 5～8 千克，随着气温回升，大蒜花芽、鳞茎开始分化，植株进入旺长期，可追施氮、钾肥，每亩追尿素 8～10 千克、硫酸钾 10 千克。大蒜抽薹后，可适当补施一次氮肥，以延长功能叶，促进干物质积累并向地下鳞茎运送养分，有利于蒜头膨大。总之，大蒜追肥要根据地力状况和苗情进行，特别是要重视后期追肥，防止大蒜早衰，因大蒜需肥高峰主要集中在生长后期。

二十五、韭菜施肥技术

1. 韭菜营养特性与施肥原则

韭菜的商品菜主要是嫩绿肥厚的叶片。每生产 1 000 千克韭菜，需要氮（N）5～6 千克、磷（P_2O_5）1.8～2.5 千克、钾（K_2O）6.2～7.5 千克，其比例约为 1：0.4：1.2。在不同生长发育期，需肥量有显著差异。1 年生的幼苗，由于幼根发育不完全，幼苗生长量小，吸肥和耐肥的能力都较差，2 年以上的韭菜能分化花芽，营养生长和生殖生长交替进行，需肥量较多。5 年以上的韭菜，营养生长的高峰期已过，逐渐进入衰老阶段，需肥量减少。进入生长盛期的韭菜，随根系和分蘖的迅速生长，需肥量急剧增加，直到收获。收获后韭菜又进入吸肥和需肥量较少的阶段，之后又随新分蘖的产生，需肥量又增加，养分吸收量呈周期性变化。韭菜 1 年约有 5 次分蘖高峰。

2. 韭菜施肥

韭菜种植以育苗移栽或分枝移栽为主。育苗床一般每 10 米^{2}施腐熟农家肥 20 千克左右，配施尿素 0.15 千克。大田基肥每亩可用农家肥 2 000～3 000 千克，当年应施用的全部磷、钾肥作基肥全层施用。因为韭菜为多年生，而且有"跳根"的特点，所以为满足韭菜对养分的需要，防止"跳根"，每年秋冬或春季返青前都要施用有机肥和磷、钾肥，或用河泥加厚土层，培土护根，为新根生长和分蘖的形成创造良好环境。

定植后基肥供应的养分足够前期吸收，一般不用追肥。待入秋后，韭菜生长旺盛季节，也是肥水管理的关键时期，结合灌水追施氮肥2～4次。第二年春季随着气温的升高，随水冲施尿素每亩100～20千克。韭菜返青进入收获季节，这时追肥要以速效氮肥为主，做到"刀刀追肥"，对于恢复韭菜生长势、促进分蘖、延长植株寿命、提高下茬产量均有重要作用。第一次追肥的时间应掌握在收割的伤口愈合、新叶长出时施入，切忌收割后立即追肥，以免造成肥害。追肥时可随水或开沟每亩施入尿素10～15千克，夏季气温高于24℃时不宜韭菜生长，一般不进行收割。为了弥补春季收割后的营养不足和开花结实对养分的消耗，除留种田外，需及时剪除幼嫩花薹以利养根，同时要适量追施氮肥1～2次。在秋季一般根据韭菜长势，收割1次，追肥1次，停止收割以后不再追肥。

二十六、白萝卜施肥技术

1. 白萝卜营养特性与施肥原则

白萝卜又叫萝卜，是根菜类的主要蔬菜之一。生产1 000千克白萝卜需吸氮（N）2.1～3.1千克、磷（P_2O_5）0.8～1.9千克、钾（K_2O）3.8～5.6千克、氧化钙0.9～1.1千克、氧化镁0.2～0.3千克。可见，白萝卜对氮、磷、钾的吸收，表现为吸钾最多，氮次之，磷最少的特点。从白萝卜对三要素的吸收来看，幼苗期吸收量少。进入莲座期后，吸收量明显增加，此期吸收氮、磷的量比前一期增加3倍，钾的吸收增加6倍。

针对萝卜生产中存在的重氮磷、轻钾肥，比例失调、施肥时期不合理，有机肥、微量元素施用不足等问题，提出以下施肥原则：

（1）合理施用有机肥，提倡施用腐熟的农家肥或商品有机肥，忌用没有充分腐熟的农家肥，重视有机无机配合施用。

（2）依据土壤肥力和目标产量，优化氮、磷、钾肥用量，适度降低氮磷肥用量，增施钾肥。

（3）北方石灰性土壤有效锰、锌、硼、钼等微量元素含量较低，应注意补充；南方蔬菜地酸化严重时应适量施用石灰。

2. 萝卜施肥

按照农业农村部发布科学施肥技术意见：

（1）有机肥：产量水平 1 000～1 500 千克/亩的小型萝卜（如四季萝卜）可施优质农家肥 500～1 000 千克/亩；产量水平 4 500～5 000 千克/亩的高产品种施优质农家肥 2 000～3 000 千克/亩或商品有机肥 300～400 千克/亩。

（2）化肥：产量水平 4 000 千克/亩以上，氮肥（N）10～12 千克/亩，磷肥（P_2O_5）4～6 千克/亩，钾肥（K_2O）10～13 千克/亩。产量水平 2500～4 000 千克/亩，氮肥（N）6～10 千克/亩，磷肥（P_2O_5）3～5 千克/亩，钾肥（K_2O）8～10 千克/亩。产量水平 1 000～2 500 千克/亩，氮肥（N）4～6 千克/亩，磷肥（P_2O_5）2～4 千克/亩，钾肥（K_2O）5～8 千克/亩。

（3）有机肥、全部磷肥、30%～40%的氮钾肥作基肥施用，60%～70%的氮肥于莲座期和肉质根生长前期分两次追施，60%～70%的钾肥在肉质根生长前期和膨大期追施。

（4）缺乏微量元素硼的地块，可于播种前基施硼砂 1 千克/亩，或于萝卜生长中后期用 0.1%～0.5%的硼砂或硼酸水溶液进行叶面喷施，每隔 5～6 天喷 1 次，连喷 2～3 次。

二十七、胡萝卜施肥技术

1. 胡萝卜营养特性与施肥原则

胡萝卜属于需肥量较高的农作物之一，每生产 1 000 千克商品胡萝卜，需要氮（N）3.9～4.3 千克、磷（P_2O_5）1.2～1.7 千克、钾

(K_2O) 8.5～11.7 千克。胡萝卜全生育期对钾的吸收最多，而且后半期较前半期钾的吸收量大，其次是氮和钙，磷的吸收量较小。胡萝卜的重要品质指标是胡萝卜素含量，施用有机肥不仅能提高胡萝卜肉质根中的胡萝卜素含量，而且色泽也好，有利于提高品质。胡萝卜的施肥应遵循基肥为主，追肥为辅的原则。胡萝卜生长期中可追肥 2～3 次。

2. 胡萝卜施肥

（1）基肥。每亩施用农家肥 2 000～2 500 千克或商品有机肥 300～350 千克、尿素 3～4 千克、磷酸二铵 11～13 千克、硫酸钾 7～9 千克。

（2）追肥。肉质根膨大前期亩施尿素 6～9 千克、硫酸钾 5～7 千克，肉质根膨大中期亩施尿素 5～7 千克、硫酸钾 5～7 千克。第一次追肥在出苗后 20～25 天，长出 3～4 片真叶定苗后进行，每亩施尿素 2～3 千克、钾肥 3～4 千克。第一次追肥后 3 周左右进行第二次追肥，每亩施尿素 3～4 千克、钾肥 6～7 千克。第三次追肥在肉质根膨大盛期，肥料用量与第二次相同。

（3）根外追肥。缺硼可叶面喷施 0.10%～0.25% 的硼酸溶液或硼砂溶液 1～2 次。

二十八、山药施肥技术

1. 山药营养特性与施肥原则

山药又称薯蓣、土薯、山薯蓣、怀山药、淮山、白山药。山药分铁棍山药和佛手山药。因为山药生长期很长，需肥量非常大，每生产 1 000 千克山药，需氮（N）4.32 千克、磷（P_2O_5）1.07 千克、钾（K_2O）5.38 千克，氮、磷、钾的比例为 4∶1∶5。

山药施肥，大多遵循基肥为主、追肥为辅的原则。山药需要肥效较长的有机肥，以保证山药在每个生长阶段的需要。在山药生长前期，需要供给山药适量的快速氮肥，以促进茎叶的生长。在山药生长中后期，需要吸收大量的养分，就需要供给山药充足的磷钾肥。另外，山药是忌氯作物，土壤中氯离子过量会影响山药的生长，山药一定不宜施用含氯肥料。

2. 山药施肥

（1）基肥。基肥以充分腐熟的优质农家肥和复合肥为主，氮、磷、钾也可以配比施用。一般每亩施用腐熟的农家肥 2 000～4 000 千克，等量复合肥（18-18-18）60～80 千克（施用前将二者充分拌和），或者农家肥 2 000 千克、尿素 25 千克、磷酸二铵 25 千克、硫酸钾 30 千克。施基肥后要将肥料深耕翻入 30 厘米耕层中。

（2）追肥。追肥一般是在山药块茎膨大期追施适量肥料，以促进山药的健康生长，防止早衰。苗期以氮肥为主，每亩施 15 千克左右，在枝叶生长盛期（7 月上旬），每亩施高氮、高钾复合肥 25～30 千克，并可喷施 0.3% 浓度的磷酸二氢钾，连喷 2～3 次。8 月上旬每亩施高氮、高钾复合肥 25～30 千克。

二十九、莲藕施肥技术

1. 莲藕营养特性与施肥原则

莲藕喜热怕冷、喜水怕旱、喜肥耐肥。一般在亩产 1 800 千克鲜藕的条件下，大约从土壤中吸收氮（N）7.7 千克、磷（P_2O_5）3.0 千克、钾（K_2O）11.4 千克，莲藕对氮、磷、钾养分的吸收比例大致为 2：1：3。莲藕属于喜钾作物，对钾素的吸收量较多，其次是氮，需磷最少。氮素能促进茎叶生长，磷素能促进作物根系生长、加强养分吸收，钾素能促进淀粉和脂肪的形成。山药要求土壤有机质含量高，土壤软化疏松，土层深厚透气性好的砂壤土。莲藕从萌芽到立叶出现、始发新根，主要靠藕贮藏的养分；旺长期（立叶—结藕）养分需求量大，是追肥的关键期；结藕期（结藕—采收）藕和莲子同步发育，养分吸收减少，茎秆和叶片养分大多向藕和莲子转移。莲藕施肥原则："减氮、控磷、增钾、补施硼锌"。施肥方法：少量多次。

2. 莲藕施肥

（1）施足基肥、补施微肥。结合整理藕田通常每亩施农家肥1 500～2 500千克，或商品有机肥300～500千克。多施农家肥能够减少藕身附着的红色锈斑，提高品格。深水藕田易缺磷，除了施足有机肥外，还应每亩撒施尿素20～30千克和过磷酸钙30～40千克做基肥，并补施钙、硼、锌等微肥。

（2）合理追肥，勤施、重施追肥。莲藕生育期长通常追肥2～3次。第一次在立叶开端涌现时进行，中耕除草后，每亩施入尿素10～20千克。第二次追肥在立叶已有5～6片时进行，每亩施入尿素1 000千克左右。第三次追肥在终止叶涌现时进行，这时结藕开端，称为追藕肥，每亩施商品有机肥200千克左右、尿素10～20千克。新建藕田追肥要早、次数宜多、肥量应大。

（3）大量施用农家肥。一般应在建池整田时每亩施入农家肥3 000千克以上，或商品有机肥300～500千克。若缺少有机肥，可将含有氮、磷、钾等大量元素及多种中、微量元素的化肥、矿物肥、微生物肥合理配合后施用。

第二章　果树茶叶施肥技术

一、柑橘施肥技术

1. 柑橘营养特性与施肥原则

据测定，生产100千克柑橘果实，需吸收氮（N）1.8千克、磷（P_2O_5）0.6千克、钾（K_2O）2.4千克。氮、磷、钾之比为1∶0.3∶1.3，需氮、钾较多。新梢对氮、磷、钾的吸收，春季开始增长，夏季达到吸收高峰，秋后开始下降，入冬后吸收基本停止。果实对磷的吸收高峰出现在8~9月，氮、钾的吸收高峰稍晚，在9~10月，以后吸收趋于平缓。

柑橘生产中存在忽视有机肥施用和土壤改良培肥现象，瘠薄果园面积大，土壤保水保肥能力弱。农户用肥量差异较大，肥料用量、配比、施肥时期和方法等不合理。赣南—湘南—桂北柑橘带、浙江—福建—广东柑橘带土壤酸化严重，中微量元素钙、镁、硼普遍缺乏。长江上中游柑橘带部分土壤偏碱性，锌、铁、硼、镁缺乏时有发生。针对上述问题，提出以下施肥原则：

（1）增施有机肥，坚持有机无机配合施用。

（2）加强果园土壤管理，提倡柑橘园行间种植绿肥，实施果园生草覆盖。土壤酸化严重的果园，适量施用碱性肥料或调理剂进行土壤改良。

（3）根据产量水平和土壤肥力状况，优化氮、磷、钾肥用量、配比和施肥时期，适当调减化肥用量，"因缺补缺"，补充中微量元素，酸性土壤注意补充镁、钙、硼、锌。

（4）施肥方式改全园撒施为集中穴施或沟施，有机肥深施。

（5）肥水管理与绿色优质栽培技术结合，提倡水肥一体化。

2. 柑橘施肥

农业农村部发布科学施肥技术意见如下：

（1）施用农家肥 2 000～4 000 千克/亩或商品有机肥（含生物有机肥）300～500 千克/亩作基肥，最好于秋季采用开沟或挖穴方法深施，树势弱或肥力低的果园可增加施用量。

（2）亩产 1 500 千克以下的果园，氮肥（N）8～13 千克/亩，磷肥（P_2O_5）4～6 千克/亩，钾肥（K_2O）7～11 千克/亩。亩产 1 500～3 000 千克的果园，氮肥（N）13～18 千克/亩，磷肥（P_2O_5）5～7 千克/亩，钾肥（K_2O）11～15 千克/亩；亩产 3 000 千克以上的果园，氮肥（N）18～23 千克/亩，磷肥（P_2O_5）7～9 千克/亩，钾肥（K_2O）15～19 千克/亩。

（3）化肥分 3～4 次施用：第一次是秋季基肥，9～11 月（晚熟品种最好在 9 月施用，其他品种在采果前后施用）20%～30%的氮肥、40%～50%的磷肥、20%～30%的钾肥配合施用；第二次是春季施肥，于 2～3 月萌芽前施用 30%～40%的氮肥、30%～40%的磷肥、20%～30%的钾肥，5 月根据挂果情况酌情施用稳果肥；第三次是夏季施肥，6～8 月果实膨大期施用 30%～40%的氮肥、20%～30%的磷肥、40%～50%的钾肥。

（4）针对性施用中微量元素肥料。缺钙、镁的柑橘园，秋季选用钙镁磷肥 25～50 千克/亩与有机肥混匀后施用；钙和镁严重缺乏的南方酸性土果园在 5～7 月再施用硝酸钙 20 千克/亩、硫酸镁 10 千克/亩左右。缺锌、硼的柑橘园，在春季萌芽前每亩施用硫酸锌 1～1.5 千克、硼砂 0.5～1.0 千克。

（5）针对性施用中微量元素肥料。缺硼、锌和缺钙的柑橘园，在春季萌芽前每亩施用硫酸锌 1～1.5 千克。

二、苹果施肥技术

1. 苹果营养特性与施肥原则

不同树龄的苹果树其需肥规律不同。幼树需要的主要营养是氮、磷，特别是磷素对其根系的生长发育具有良好的作用。成年果树对营养的需求主要是氮和钾，随着树的生长年限增加，结果的部位不断更替，其对养分的需要量与比例也随之发生较大的变化，特别是由于果实的采摘带走了大量的氮、钾及磷等营养元素，若不能及时补充，则将严重影响第二年苹果的生长和产量。

（1）增施有机肥，提倡有机无机配合施用；依据土壤测试和树相，适当调减氮、磷、钾化肥用量；注意增加钙、镁、硼和锌的施用。

（2）秋季未施基肥的果园，参照秋季施肥建议在萌芽前尽早施入，早春干旱缺水地区要在施肥后补充水分以利于养分吸收利用。

（3）针对上年秋季早期落叶病发生严重且 2020 年冬季极端低温的影响，建议在萌芽前（3 月初开始）喷 3 遍 1%～3% 的尿素（浓度分别为 3%、2% 和 1%，间隔 5～7 天）加 0.5% 硼砂和适量白糖（约 1%）以及防霜抗冻剂，目的是增加利用贮藏养分防止抽条，利于花芽分化、提高坐果率、增产和减轻早春晚霜冻危害。

（4）与高产优质栽培技术相结合，如平原地起垄栽培、果园生草、下垂果枝修剪以及蜜蜂授粉技术等。黄土高原等干旱区域要与地膜（园艺地布）覆盖结合。

（5）土壤酸化的果园可通过施用硅钙镁肥、石灰或其他土壤改良剂改良土壤。

2. 苹果施肥

农业农村部发布科学施肥技术意见如下：

（1）亩产 2 500 千克以下果园：氮肥（N）5～7.5 千克/亩，磷肥（P_2O_5）3～3.5千克/亩，钾肥（K_2O）5.5～8千克/亩；亩产2 500～4 000千克果园：氮肥（N）7.5～15千克/亩，磷肥（P_2O_5）3.5～7千克/亩，钾肥（K_2O）8.5～16千克/亩；亩产4 000千克以上果园：氮肥（N）10～17.5千克/亩，磷肥（P_2O_5）4.5～10千克/亩，钾肥（K_2O）11～18.5千克/亩。

（2）秋季已经施肥的果园化肥分3～6次施用，第一次在3月中旬到4月中旬，以氮钙肥为主，建议施用一次硝酸铵钙，亩用量30千克左右；第二次在果实套袋前后（5月底到6月初），氮、磷、钾配合施用，建议施用17-10-18（或相近配方）苹果配方肥，亩用量25～50千克。6月中旬以后建议追肥2～4次，前期以氮钾肥为主，增加钾肥用量，建议施用16-6-20配方肥（或相近配方），亩用量25～50千克；后期以钾肥为主，配合少量氮肥（氮肥用量根据果实大小确定，果实较大的一定要减少氮肥用量，且增加钙肥用量）。干旱区域建议采用窄沟多沟施肥方法，多雨区域可采用放射沟法或撒施。

（3）秋季没有施肥的果园应尽快尽早春季第一次施肥，每亩除施用30千克硝酸铵钙外，还要施用生物有机肥200千克、农家肥1 500或商品有机肥300千克，同时配合施用15-15-15平衡型复合肥75～100千克/亩，施肥方法建议采用沟施或穴施；土壤酸化的果园，每亩施用石灰150～200千克或硅钙镁钾肥50～100千克。

（4）土壤缺锌、硼的果园，萌芽前后每亩施用硫酸锌1～1.5千克、硼砂0.5千克；在花期和幼果期叶面喷施0.3%硼砂，果实套袋前喷3次0.3%的钙肥。

三、梨树施肥技术

1. 梨树营养特性与施肥原则

梨树对土壤条件的要求不高，不同的土壤类型均可栽培。一般疏松、排水良好的砂质土、壤土更适宜梨树生长。梨树对养分的吸收以氮、钾最多，钙次之，磷相对较少，同时需要较多的硼。据研究，生产 100 千克梨果实，需要吸收氮（N）0.2～0.5 千克、磷（P_2O_5）0.2～0.3 千克、钾（K_2O）0.5 千克。梨树对氮、磷、钾三要素的吸收特点随季节变化较大，在春季萌芽至开花坐果期，需要大量的氮、钾和一定数量的磷，是养分吸收的第一个高峰期；果实膨大，花芽分化后，氮、钾吸收进入第二个高峰，而对磷的吸收在整个生育期较为平衡，起伏不大。梨树坐果后对钙较敏感，盛花后到成熟，钙的累计吸收最大，此时期缺钙，易发生"苜蓿青"、"黑底木栓斑"等生理病害。

2. 梨树施肥

农业农村部发布科学施肥技术意见如下：

（1）亩产 2 000 千克以下果园：氮肥（N）8～10 千克/亩，磷肥（P_2O_5）6～8 千克/亩，钾肥（K_2O）9～11 千克/亩；亩产 2 000～4 000 千克果园：氮肥（N）10～18 千克/亩，磷肥（P_2O_5）6～12 千克/亩，钾肥（K_2O）12～20 千克/亩。

（2）化肥分 3～5 次施用，第一次在 5 月中旬，氮、磷、钾配合施用；6 月中旬以后建议追肥 2～4 次，前期以氮钾肥为主，逐渐增加钾肥用量，建议施用 20-5-20 配方肥；后期以钾肥为主，配合少量氮肥。

（3）秋季未施用有机肥的果园，应补施有机肥，并且在春季土壤解冻后及早施入，采用开沟或挖穴的方法土施。土壤肥沃、树龄小、树势强的果园施农家肥 1 000～2 000 千克/亩；土壤瘠薄、树龄大、树势弱的果园施农家肥 2 000～4 000 千克/亩。

（4）根外追肥：硼、锌、铁等缺乏的梨园可用 0.2％硼砂溶液、0.2％硫酸锌＋0.3％尿素混合液或 0.3％硫酸亚铁＋0.3％尿素溶液于发芽前至盛花期多次喷施，隔周 1 次。

四、桃树施肥技术

1. 桃树营养特性与施肥原则

桃树根系较浅，侧根和须根较多，吸收养分的能力较强。桃树对养分的吸收随生育期变化而变化，新梢生长高峰后，氮、磷、钾的吸收迅速增长，以后随果实增长，吸收量继续增加。果实迅速膨大期是养分吸收量最大的时期，其中钾最为突出。果实采收期吸收量减少。试验表明，每生产 100 千克果实，需氮（N）1.0 千克、磷（P_2O_5）0.5 千克、钾（K_2O）1.0 千克。对氮、钾的吸收较多，磷的吸收相对较少。

2. 桃树施肥

农业农村部发布科学施肥技术意见如下：

（1）根据产量水平确定全年化肥用量。产量水平 1 500 千克/亩，氮肥（N）8～10 千克/亩，磷肥（P_2O_5）5～8 千克/亩，钾肥（K_2O）10～13 千克/亩；产量水平 2 000 千克/亩，氮肥（N）13～16 千克/亩，磷肥（P_2O_5）7～10 千克/亩，钾肥（K_2O）15～18 千克/亩；产量水平 3 000 千克/亩，氮肥（N）16～18 千克/亩，磷肥（P_2O_5）10～12 千克/亩，钾肥（K_2O）18～21 千克/亩。

（2）秋季未施用有机肥的果园，应补施有机肥，并且在春季土壤解冻后及早施入，采用开沟或挖穴的方法土施。早熟品种、土壤肥沃、树龄小、树势强的果园施农家肥 1 000～2 000 千克/亩；晚熟品种、土壤瘠薄、树龄大、树势弱的果园施农家肥 2 000～4 000 千克/亩。

（3）化肥施用量要全年统一考虑。化肥中 60% 以上的磷肥和 30%～40% 的钾肥及 40%～50% 的氮肥最好一同与有机肥秋季基施，其余用作追肥；秋施数量不足的，可以在追肥时补足。中早熟品种可以在桃树萌芽前（3 月初），果实迅速膨大前分 2 次追肥，第一次氮、磷、钾配合施用，第二次以钾肥为主配合氮磷肥；晚熟品种可以在萌芽前、花芽生理分化期（5 月下旬至 6 月下旬），果实迅速膨大前分 3 次追肥。萌芽前追肥以氮肥为主配合磷钾肥，后两次追肥以钾肥为主配合氮磷肥。

（4）上一年负载量过高的桃园，今年应加强根外追肥，萌芽前可喷施 2～3 次 1％～3％的尿素，萌芽后至 7 月中旬之前，每隔 7 天 1次，按 2 次尿素与 1 次磷酸二氢钾（浓度为 0.3％～0.5％）的顺序喷施。

（5）中微量元素推荐采用"因缺补缺"、矫正施用的管理方法。出现中微量元素缺素症时，通过叶面喷施进行矫正。

五、葡萄施肥技术

1. 葡萄营养特性与施肥原则

葡萄与其他果树相比，对养分的需求既有共同之处，但也有其自身的特点。据研究，一般成年葡萄园每生产 1 000 千克葡萄果实需氮（N）3～6 千克、磷（P_2O_5）1～3 千克、钾（K_2O）3～6.5 千克。在年生长周期中，浆果生长之前，对氮、磷、钾的需要量较大。果粒膨大至果实采收期，植株吸收氮、磷、钾达到了高峰。此期若供肥不足对葡萄产量影响很大。葡萄对氮的需要量前、中期较大，而磷、钾吸收高峰偏中后期，尤其是开花、授粉、坐果以及果实膨大对磷、钾的需要量很大。另外，葡萄对微量元素硼的需要量也相对较多。

2. 葡萄施肥

（1）基肥：基肥以秋施为主，我国北方多在晚秋或初冬结合防寒进行。南方多在 9 月中、下旬进行。基肥以有机肥为主，成年葡萄园每亩施农家肥 2 000～3 000 千克，再配施一定数量的磷、钾化肥。

（2）追肥：葡萄的追肥占总用量的 40％左右，分 3～4 次施用。分 3 次施用时，在开花前、膨果初期和成熟前 1 个月施用。分 4 次施用时，分别为：①催芽肥：在萌芽前 1～2 周施用，每亩施含量为45％的氮、磷、钾复混肥 15 千克或施尿素 5～10 千克、硫酸钾 8～10 千克；②催条肥：在枝蔓生长高峰前追施，每亩施复混肥 15 千克；③膨果肥：在谢花后施入，每亩施 45％复混肥 20 千克和硫酸钾20 千克；④着色肥：在硬核期施用，每亩施硫酸钾 10～20 千克。在花前或膨果初期，喷施 0.1%的硼砂溶液可提高坐果率，促进果实膨大。在膨果期喷施 0.2%的磷酸二氢钾溶液，对提高产量和品质具有明显作用。

3. 北方葡萄施肥

农业农村部发布科学施肥技术意见如下：

（1）根据产量水平进行合理施肥。亩产 1 500 千克以下，氮肥（N）10～15 千克/亩，磷肥（P_2O_5）5～10 千克/亩，钾肥（K_2O）10～15 千克/亩；亩产 1 500～2 000 千克，氮肥（N）15～20 千克/亩，磷肥（P_2O_5）10～15 千克/亩，钾肥（K_2O）15～20 千克/亩；亩产 2 000 千克以上，氮肥（N）20～25 千克/亩，磷肥（P_2O_5）15～20 千克/亩，钾肥（K_2O）20～25 千克/亩。

（2）秋季未施用有机肥的果园，应补施有机肥，并且在春季土壤解冻后及早施入，采用开沟或挖穴方法土施。

（3）化肥施用量要全年统一考虑，一般分 3～4 次施用，第一次应在上年 9 月中旬到 10 月中旬（晚熟品种采果后尽早施用）基肥时施入，结合有机肥施用 20%氮肥、20%磷肥、20%钾肥；第二次在 4 月中旬进行，以氮磷肥为主，施用 20%氮肥、20%磷肥、10%钾肥；第三次在 6 月初果实套袋前后进行，根据留果情况氮、磷、钾配合施用，施用 40%氮肥、40%磷肥、20%钾肥；第四次在 7 月下旬到 8 月中旬，施用 20%氮肥、20%磷肥、50%钾肥，根据降雨、树势和产量情况采取少量多次的方法进行，以钾肥为主，配合少量氮磷肥。

（4）采用水肥一体化栽培管理的高产葡萄园，萌芽到开花前，每次追施氮（N）、磷（P_2O_5）、钾（K_2O）各为 1.2～1.5 千克/亩，每 10 天追肥 1 次；开花期追肥 1 次，追施氮（N）0.9～1.2 千克/亩、磷（P_2O_5）0.9～1.2 千克/亩、钾（K_2O）0.45～0.55 千克/亩，辅以叶面喷施硼、钙、镁；果实膨大期着重追施氮肥和钾肥，每次追施氮（N）2.2～2.5 千克/亩、磷（P_2O_5）1.4～1.6 千克/亩、钾

（K_2O）3～3.2千克/亩，每10～12天追肥1次；着色期追施高钾型复合肥，每次追施氮（N）0.4～0.5千克/亩、磷（P_2O_5）0.4～0.5千克/亩、钾（K_2O）1.3～1.5千克/亩，每7天追肥1次，叶面喷施补充中微量元素。

（5）土壤缺硼、锌和钙的果园，花前至初花期喷施0.3％～0.5％的硼砂、0.2％硫酸锌溶液；坐果后到成熟前喷施3～4次0.3％～0.5％的磷酸二氢钾溶液；幼果膨大期至采收前喷施0.3％～0.5％的硝酸钙溶液。

六、猕猴桃施肥技术

1. 猕猴桃营养特性与施肥原则

猕猴桃生长旺盛，结果多而早，每年需消耗大量的养分。每生产1 000千克鲜果，需要氮（N）1.84千克、磷（P_2O_5）0.24千克、钾（K_2O）3.2千克。氮、磷、钾的吸收在叶片至坐果期的一段时间主要来自上年树体贮藏的养分，而从土壤中吸收的养分较少。果实发育期养分吸收量显著增加，尤其对磷、钾吸收量较大。落叶前仍要吸收一定量的养分。特别强调的是，猕猴桃对氯有特殊的喜好，其叶中氯的含量是一般作物的30～120倍。

2. 猕猴桃施肥

（1）基肥：宜在采果后秋施，以有机肥为主，施肥量占全年施肥总量的50％左右。每株幼树施有机肥50千克、过磷酸钙和氯化钾各0.25千克；成年树每株施农家肥50～75千克、过磷酸钙1千克和氯化钾0.5千克。

（2）追肥：分两次施用，第一次在春芽萌动前后施用，以补充花芽发育所需养分，促进腋芽、新梢生长。每株幼树施用量：商品有机肥20千克、过磷酸钙和氯化钾各0.1千克。成年树施用量：商品有机肥20～30千克、过磷酸钙0.4千克、氯化钾0.2千克。第二次追肥在果实膨大期施。幼树施商品有机肥 30 千克、过磷酸钙和硫酸钾各 0.15 千克；成年树施商品有机肥 30～40 千克、过磷酸钙 0.6 千克、氯化钾 0.3 千克。

（3）叶面喷肥：叶面施肥方法简单易行，用肥量小，肥效发挥快。也可结合喷药、喷灌进行。常用的肥料种类和浓度为 0.3%～0.5% 的尿素溶液、0.5%～1% 的硫酸锌溶液、1%～5% 的草木灰溶出液、0.1%～0.3% 的硼酸溶液等。

七、杏树施肥技术

1. 杏树营养特性与施肥原则

杏叶片中营养物质含量与杏树生长以及产量相关性明显，叶片中氮的含量与一年生枝条的总长度之间呈正相关。丰产杏树叶片中化学成分最适宜的含量为：氮（N）2.8%～2.85%、磷（P_2O_5）0.9%～0.4%、钾（K_2O）3.90%～4.1%，叶片中的氮与钾的比率保持在 0.86～0.92，就可以达到较高的产量水平。

2. 杏树施肥

（1）基肥：杏树基肥一般在 9～10 月结合耕翻施入，多以含有机质丰富的农家肥、商品有机肥等迟效性肥料为主。一般株施农家肥 50～150 千克、商品有机肥 10～15 千克。幼树施用量应减少。

（2）追肥：追肥施用时期应根据杏树生长发育规律进行，一般分 3～4 次追施。花前肥：在春季土壤解冻后及时施入以速效性氮肥为主的肥料，保证开花整齐一致；花后肥：于开花后施入，以速效性氮肥为主，配合磷、钾肥，补充花期对营养物质的消耗，提高坐果和促进新梢生长；花芽分化肥：在花芽分化前施入，其作用是促进花芽分化和果实膨大，以速效性氮为主，配合磷、钾肥；催果肥：果实采收前 2～3 周施入，以施钾肥为主。全部追肥用量每株为：氮（N）0.3～0.5 千克、磷（P_2O_5）0.2～0.4 千克、钾（K_2O）0.3～0.5 千克，大树可多追一些，小树可少追些。

（3）根外追肥：根外追肥是将营养元素配成一定浓度的溶液喷到叶片、嫩枝及果实上，直接被吸收利用。杏树生长前期浓度可低些，后期浓度可适当加大。一般常用的浓度是 0.3%～0.5% 的磷酸二氢钾、0.2%～0.4% 的尿素、0.2% 的过磷酸钙、0.3% 的草木灰浸出液。如有缺乏微量元素症状时可喷 0.2%～0.3% 的硫酸亚铁、0.1%～0.3% 的硼酸、0.3%～0.5% 的硫酸锌溶液等。

八、李树施肥技术

1. 李树营养特性与施肥原则

根据李树产量不同需肥量差异较大，每亩产果 600～1 000 千克，需施农家肥 2 000～2 500 千克、尿素 25～40 千克、硫酸钾 20～30 千克、过磷酸钙 50～60 千克；若单棵树产果 50 千克，每棵树需施有机肥 100 千克、硫酸铵 2～4.5 千克、过磷酸钙和硫酸钾 0.25～0.5 千克。还有就是幼树、旺树施肥量要少，因为小树和旺树结果不多，需肥少。而肥力差的树、大树需要多施肥。李树根系生长高峰主要有 3 次，分别是 4 月下旬至 5 月上旬、6 月底至 7 月上中旬、8 月下旬至 9 月中旬。第一次伴随着新梢的生长高峰，第二次与新梢生长、果实发育、花芽分化同时进行，这两次生长高峰都要消耗大量营养，称之为当年营养消耗期（4 月下旬至 7 月）。另外李树生长还有两个关键时期，即有机营养积累期（7～10 月）和贮藏营养消耗期（2 月中旬至 4 月下旬），其中贮藏营养消耗期中消耗的营养主要来自于秋施的基肥和采后叶片养分的回流。

2. 李树施肥

李树施肥一年分为 3 次：一是基肥，采果施用，又叫底肥，以有机肥为主，磷肥与有机肥混合施入，也可加少量氮肥。二是抽梢肥，春季施用。三是壮果肥，夏季施用。

施肥量：充足而均衡的营养供应是李树丰产的前提，施肥量不足难以保证优质花芽的形成，但也不是越多越好。另外在大量元素施入时，应加入适量的微量元素。施肥量可根据不同树龄确定，一般幼树株施商品有机肥 25～40 千克、三元复合肥 0.25～0.50 千克；初结果树株施有机肥 50 千克、三元复合肥 0.5～1.5 千克；盛果期树株施有机肥 50～100 千克、尿素 1.0～1.5 千克、磷肥 2～3 千克、钾肥1.0～1.5 千克。

叶面喷肥：叶面喷肥一般在喷后 15～120 分钟即能被吸收利用，因此在果树生长发育的关键时期（如花芽分化或缺少某种元素时）进行叶面喷肥能起到很好的效果。但喷肥时应注意：一是如果晴天，应在上午 10 时前或下午 4 时后喷。二是因叶背比叶面吸收肥料快，因此须重点喷叶背。三是浓度要适宜，常用浓度一般为0.3％左右。

九、枣树施肥技术

1. 枣树营养特性与施肥原则

据研究，每生产 100 千克鲜枣需氮（N）1.5 千克、磷（P_2O_5）1.0 千克、钾（K_2O）1.3 千克。枣树所需养分因生育期而不同，萌芽开花期对氮的吸收较多，供氮不足，发育枝和结果枝生长受阻，花蕾分化差。开花期氮、磷、钾养分吸收增加。幼果期为根系生长高峰期，果实膨大期是养分吸收高峰期，养分不足，果实生长受到抑制，落果严重。果实成熟至落叶期，树体养分进入积累贮藏期，但仍需要吸收一定数量的养分。

2. 枣树施肥

（1）基肥：基肥施用时间应在秋季落叶前后，一般采用开环状或放射状沟深施，每株施有机肥 150～250 千克，对树势弱的要加施含量为 25％的氮、磷、钾复混肥 2 千克。

（2）追肥：一年内追肥以 3 次为宜，第一次是芽肥，若基肥不足或树势弱时，提前到发芽前施用，应以氮肥为主，每株施 0.5～1.0 千克尿素并配一定数量的磷、钾肥和硼肥。第二次为幼果肥，以磷钾为主，配施适量的氮肥，每株可用含量 45％ 的复混肥 1 千克左右，以促进果实膨大，提高产量和品质。第三次在果实采收后，追施速效氮肥，以迅速恢复树势，有利于第二年生长。果实采收后喷 0.5％ 的尿素和 0.2％ 的磷酸二氢钾溶液，也可收到同样效果。

十、蓝莓施肥技术

1. 蓝莓营养特性与施肥原则

通过蓝莓的生产量来决定施肥用量，一般生产 1 000 千克的蓝莓需要吸收 4 千克的氮、1 千克的五氧化二磷、4.8 千克的氧化钾。施有机肥通常是 1 千克果实 1 千克肥料比较合适。蓝莓的特点是属于喜铵态氮果树，对土壤中的铵态氮比硝态氮有较强的吸收能力。蓝莓不仅不易吸收硝态氮，而且硝态氮还造成蓝莓生长不利。在缺磷的土壤中，增施磷肥增产效果显著。钾肥对蓝莓增产显著，而且提早成熟，可提高品质，增强抗逆性。蓝莓生产果园中主要以氮、磷、钾有机营养套餐肥料为主，施用复合肥料比单一肥料可提高产量 40％。

2. 蓝莓施肥

（1）种类。蓝莓施肥中提倡氮、磷、钾配比使用。以硫酸铵作氮源，氮、鳞、钾的配比为 15-9-9，蓝莓园土壤 pH＞5.5 时用此配方；以尿素作氮源，氮、磷、钾的配比为 17-8-8，当 pH＜5.5 时用此配方。蓝莓为典型的嫌钙植物，当在钙质土壤上栽培时往往导致因钙过多诱发的缺铁失绿。蓝莓对氯很敏感，极易引起过量中毒。

（2）时期和方法。土壤施肥时期一般是在早春萌芽前进行，可分 2 次施入，在浆果转熟期再施 1 次。蓝莓可采用沟施，深度以 10～15

厘米为宜。矮丛蓝莓成园后连成片，以撒施为主。

（3）施肥量。蓝莓需肥量小，蓝莓每株每年一般只需要磷 10 克、钾 20 克、氮 30 克，所以施肥时特别要注意不要过量和偏施问题。蓝莓过量施肥极易造成树体伤害，甚至整株死亡，要视土壤肥力及树体营养状况而定。

十一、樱桃施肥技术

1. 樱桃营养特性与施肥原则

樱桃适宜种植在土层深厚、土体结构良好、pH6.5～7.5 的土壤上。樱桃从发芽到果实成熟发育时间较短，春梢的生长与果实的发育基本同步，其营养吸收具有明显的特点。樱桃的枝叶生长、开花结果都集中在生长季节的前半期，花芽分化多在采果后的较短时间内完成。所以，养分需求也要集中在生长季节的前半期。

2. 樱桃施肥

樱桃施肥以有机肥为主，尽量少施化肥，施肥量应严格掌握。过多施肥，将导致产量和品质降低。

（1）基肥：以早施为佳，宜在 9～11 月进行，丰产樱桃园每亩施优质农家肥 2500 千克即可，施肥方法为刨树盘深 5～7 厘米，将肥料均匀撒施，覆土浇水后，划锄保墒。

（2）追肥：樱桃生长期短，追肥 1 次即可。一般在初花期追施，应多追氮肥，少量磷、钾肥。追施方法为将肥料撒施在树盘中，并立即轻轻划锄，使肥土混匀，然后浇水。沙地樱桃园，追肥次数宜多，每次用量应少，即勤追少追，而且追后浇水，使水渗到根系集中层。

（3）根外追肥：根外追肥是一项辅助性施肥措施，在调节樱桃树长势、促进成花结果上有明显效果。在缺磷土壤上，喷施浓度为 0.2％～0.5％的磷酸二氢钾溶液，对花芽分化作用明显。喷洒时应以喷叶背面为主，因叶背面吸收能力较强。

十二、芒果施肥技术

1. 芒果营养特性与施肥原则

芒果是高大常绿乔木，根深叶茂，花多果多，长势旺盛，树体的生长和果实的发育都需要大量的养分。每生产 1 000 千克鲜芒果约需吸收氮 6.9 千克、磷 0.8 千克、钾 6.6 千克、钙 5.9 千克、镁 5.4 千克，需氮钾多，需磷少。

2. 芒果施肥

根据芒果树的需肥特点，对结果树一般采用 4 次施肥。

（1）采果肥。5～9 月都有芒果成熟。芒果结果量大，消耗养分多，如不及时供肥补充，将难以恢复树势，影响萌发秋梢。采果前后施肥非常关键，分两次施功效更好。刚开始在采果前后 7～10 天施入，株施 45%（15-15-15）硫基复混肥料 0.5～1 千克，促进恢复树势，尽快萌发抽生秋梢。第二次施肥在末次梢开始转绿时，即 11 月中旬到 12 月，结合翻土埋入杂草，每株施入微生物菌剂 1～1.5 千克、45%（15-15-15）硫基复混肥料 0.5～1 千克。在树冠滴水线内侧挖环状沟施入，如遇干旱天气，施肥后要灌水。

（2）催花肥。芒果花芽分化期施催花肥，施 45%（15-15-15）硫基复混肥料或尿素 0.25～0.5 千克。环状沟施，以促进花芽分化，保证花的发育。

（3）壮花肥。芒果树开花量大，养分消耗多，应在花期追施 1 次氮肥。施肥时间视树势、植株状态、天气而定，但一定要适时施肥，以植株 50% 的末级枝梢现蕾时开始施肥为宜，否则，如树势壮旺，气温升高，施肥太早则可诱发过多营养枝梢或混合花枝的萌发，减少花量。一般在 1～3 月花蕾发育与开花期进行，株施尿素或 45%（15-15-15）硫基复混肥料 0.1～0.15 千克。

（4）壮果肥。谢花后 30 天左右是果实迅速生长发育时期，在幼果迅速增大期，追施壮果肥才能满足果实发育的养分需要。一般株施45％（15-15-15）硫基复混肥料 0.5～1 千克，促进果实膨大，协调枝梢与果实养分分配的矛盾。

（5）根外追肥。结合病虫害防治，每年喷施 2～3 次 0.5％磷酸二氢钾溶液。

十三、香蕉施肥技术

1. 香蕉营养特性与施肥原则

由于香蕉植株高大，生长快，单产高，因此，其需肥量也大。据研究表明，中等肥力水平下，每生产 1 000 千克香蕉果实约需吸收氮（N）9.5 千克、磷（P_2O_5）4.5 千克、钾（K_2O）22.5 千克。由此可见，香蕉是典型的喜钾作物，需钾量较大。香蕉在整个（营养生长—果实生长—成熟）生长发育过程中，前两个阶段对养分需求量较大，对养分敏感性强。中期以前对氮的需求量大，后期对磷、钾需求较多，特别是对钾的吸收增大。

2. 香蕉施肥

农业农村部发布科学施肥技术意见如下：

（1）亩产 5 000 千克以上的蕉园，腐熟畜禽粪用量不超过 1 000 千克/亩，氮肥（N）45～50 千克/亩，磷肥（P_2O_5）15～20 千克/亩，钾肥（K_2O）70～80 千克/亩；

（2）亩产 3 000～5 000 千克的蕉园，腐熟畜禽粪用量不超过 1 000千克/亩，氮肥（N）30～45 千克/亩，磷肥（P_2O_5）8～12 千克/亩，钾肥（K_2O）50～60 千克/亩；

（3）亩产 3 000 千克以下的蕉园，腐熟畜禽粪用量不超过 1 000 千克/亩，氮肥（N）18～25 千克/亩，磷肥（P_2O_5）6～8 千克/亩，钾肥（K_2O）30～45 千克/亩；

（4）根据土壤酸度，定植前施用石灰 40～80 千克/亩、硫酸镁

25～30 千克/亩，与有机肥混匀后施用；缺硼、锌的蕉园，施用硼砂 0.3～0.5 千克/亩、七水硫酸锌 0.8～1.0 千克/亩；

（5）香蕉苗定植成活后至花芽分化前，施入约占总量 20％氮肥、50％磷肥和 20％钾肥；在花芽分化期前至抽蕾前施入约 45％氮肥、30％磷肥和 50％钾肥；在抽蕾后施入约 35％氮肥、20％磷肥和 30％钾肥。前期可施水溶肥或撒施固体肥，从花芽分化期开始宜沟施或穴施，共施肥 7～10 次。

十四、荔枝施肥技术

1. 荔枝营养特性与施肥原则

荔枝定植后一个月即可开始施肥。两三年内以增加根量、促梢、壮梢为主。掌握"一梢两肥"或"一梢三肥"，即枝梢顶芽萌动时施入以氮肥为主的速效肥，促使新梢迅速生长和长叶，当新梢生长基本停止，叶色由红转绿时施入第二次肥，促使新梢迅速转绿，增粗枝干。新梢转绿之后施入第三次肥，以加速新梢老熟。定植后 1～2 年生幼树的肥水管理能促发根群和枝梢总叶面积。定植成活后的荔枝幼树根系少而弱，吸收力也弱，因此不宜大肥大水。施肥以氮为主，配合少量磷、钾肥，少而精、勤施薄施为原则。定植当年的幼树可以每月施稀薄的肥水 1～2 次。第二、三年以增加根量促梢、壮梢为主。每次枝梢顶芽萌动施一次以氮肥为主的速效肥，促使新梢迅速生长，叶片由红转绿时施第二次肥，促使枝梢迅速转绿，提高光合效能，积累营养物质。也可在新梢转绿之后再施一次肥，以加速新梢老熟，缩短梢期。

2. 荔枝施肥

农业农村部发布科学施肥技术意见如下：

（1）结果盛期树（株产 50 千克左右）：每株施商品有机肥 3～6 千克，氮肥（N）0.75～1.0 千克，磷肥（P_2O_5）0.25～0.3 千克，钾肥（K$_2$O）0.8～1.1 千克，钙肥（Ca）0.25～0.35 千克，镁肥（Mg）0.07～0.09 千克。

（2）幼年未结果树或结果较少树：每株施商品有机肥 2～4 千克，氮肥（N）0.4～0.6 千克，磷肥（P$_2$O$_5$）0.1～0.15 千克，钾肥（K$_2$O）0.3～0.5 千克，镁肥（Mg）0.05 千克。

（3）肥料分 6～8 次分别在采后（一梢一肥，2～3 次）、花前、谢花及果实发育期施用。视荔枝树体长势，可将花前和谢花肥合并施用，或将谢花肥和壮果肥合并施用。氮肥在上述 4 个生育期施用比例为 45％、10％、20％和 25％，磷肥可在采后一次施入或分采后和花前两次施入，钾、钙、镁肥施用比例为 30％、10％、20％和 40％。花期可喷施磷酸二氢钾溶液。

（4）缺硼和缺钼的果园，在花前、谢花及果实膨大期喷施 0.2％硼砂＋0.05％钼酸铵；在荔枝梢期喷施 0.2％的硫酸锌或复合微量元素。pH<5 的果园，施用石灰 100 千克/亩。

十五、无花果施肥技术

1. 无花果营养特性与施肥原则

分析结果显示，无花果对钙的吸收最多，其次是氮、钾，对磷的需要量不高。一般成年树对钙、氮、磷、钾、镁的吸收比例为 1.44∶1∶2.9∶0.3∶0.29。无花果对氮、钾、钙的吸收量随着树体生长量的增大而不断增大。7 月份为吸氮高峰，新梢缓慢生长后，氮素养分的吸收量逐渐下降。钾和钙则从果实开始采收至采收结束，基本维持在高峰期吸收量的 30％～50％。进入 10 月份，随着气温下降而迅速减少，对磷的吸收自早春到 8 月份一直比较平稳，8 月份以后逐渐减少。

2. 无花果施肥

（1）基肥：无花果的基肥施用时期，可在 11～12 月份修剪结束后进行，但以 2 月下旬至 3 月下旬施用为宜。基肥以有机肥为主，如农家肥、商品有机肥等，并结合使用适量复合肥。

（2）追肥：追肥的具体时间和次数，根据植株生长状况和土壤肥力而定。一般分 3～6 次进行。高温多雨地区，追肥次数宜多，每次施肥量宜少；树势弱，根系生长差，可适宜增加追肥次数。

（3）施肥量：施肥量的确定，必须以土壤肥力、树龄和产量目标等进行综合分析。土壤肥沃、有机质含量丰富、树势强的园地，施肥量应比标准用量少 10％～15％。同一园地，树势强的植株少施；树势弱的应适当多施。幼龄树施肥量，一般为成年树的 60％～70％。特别强调的是，无花果需钙较多，在缺钙的偏酸性土壤上种植，每亩可施熟石灰 50～100 千克。

十六、火龙果施肥技术

1. 火龙果营养特性与施肥原则

火龙果同其他仙人掌类植物一样，生长量比常规果树要小，所以施肥要以充足、少量、多次为原则。火龙果幼树（指定植 1～2 年的果树）主要以施氮肥为主，应做到少量多次，促进火龙果幼树生长。火龙果成龄树（指定植 3 年以上的果树）主要以施磷、钾肥为主，控制氮肥的施用量。

2. 火龙果施肥

（1）基肥。在定植前 1～2 个月施入，丘陵山区果园施农家肥 40～50 千克/坑、石灰 3 千克/坑；平原果园每坑施农家肥 15～20 千克、石灰 1.5 千克。

（2）营养生长期施肥。定植后至开花结果前为火龙果营养生长期。每次新枝蔓萌芽时及新枝蔓开始转绿时各施肥 1 次，每次施液态肥约 1.5～2 千克/柱，也可选用 15-15-15 硝硫基，每次施肥量约 50～80 克/柱。第二年起施肥量比第一年增加约 50％～80％。

（3）结果期施肥。火龙果一年多次开花结果，花果期长达 6 个多月，枝蔓、花果同时生长，一般全年有 5 次主要施肥时期。一是冬季树盘覆盖有机肥：于冬季 12 月至下一年 1 月枝蔓已完全转绿时施，树盘用有机肥覆盖，每柱施农家肥 10 千克，或覆盖秸秆每柱施 15 千克。二是促花肥：于 4 月上中旬施，每柱施 17-17-17 复合肥 1～1.5 千克。三是壮花壮果肥：于 6 月上中旬施，每柱施生物有机肥 0.5～1 千克、17-17-17 复合肥 0.5 千克。四是重施促花壮果肥：于 8 月上中旬施，重点生产中秋、国庆果实，每柱施商品有机肥 1.0～2.0 千克、15-15-15 复合肥 0.8～1 千克，目的是促多开花，促进果实膨大，提高品质。五是壮果、恢复树势肥：于 10 上中旬施，每柱施 17-17-17 复合肥 0.5～1 千克、生物有机肥 3～4 千克，目的是促进最后一批果实膨大，恢复树势，促进枝蔓生长。

（4）叶面追肥。花蕾期、果实发育期喷施 3～5 次叶面肥。常用叶面肥种类有：磷酸二氢钾、核苷酸等，喷施浓度按说明合理使用。每批幼果形成后，对火龙果喷施 0.3％硫酸镁＋0.2％硼砂＋0.3％磷酸二氢钾 1 次，可以提高果实的品质。

十七、板栗施肥技术

1. 板栗营养特性与施肥原则

板栗需肥较多，尤其是需要较多氮和钾。板栗一生对氮、磷、钾的吸收不同，并随生育期而变化。氮素在根系活动至萌芽前开始吸收，新梢生长和开花结果期不断增加，果实膨大期吸收最多，采果后迅速降低。对磷的吸收全年较为平衡，其中以开花至采收期稍高，落叶前几乎停止吸收。钾在开花前吸收较少，开花以后急剧增加，果实膨大期至采收期内吸收最多，采收后迅速降低。据日本的研究，板栗为多锰植物，其叶片中锰含量高于其他果树。

2. 板栗施肥

（1）基肥：一般在晚秋结合深翻，在树冠下开环状沟施入。每亩施氮（N）20～25 千克、磷（P_2O_5）17～19 千克、钾（K_2O）18～20 千克。丰产栗园，氮应多施 2～3 千克。

（2）追肥：可在发芽前和果实膨大期两次追施，其中以果实膨大期为主。在发芽前和果实膨大期每株成年树分别追施尿素 0.5～1 千克和 1.0～1.5 千克、过磷酸钙 1～2 千克、钾肥 0.5～1 千克。开沟追施后，应结合浇水。

（3）叶面施肥：在新梢生长期、果实膨大期以及采后，喷施浓度为 0.5％的尿素和 0.25％的磷酸二氢钾溶液，对促进新梢生长、果实膨大及采果后树势恢复都有良好作用。

十八、核桃施肥技术

1. 核桃营养特性与施肥原则

核桃喜光、耐寒，抗旱、抗病能力强，适应多种土壤生长，喜肥沃湿润的砂质壤土，喜水、喜肥、喜阳光，同时对水肥要求不严，落叶后至发芽前不宜剪枝，易产生伤流。喜石灰性土壤，常见于山区河谷两旁土层深厚的地方。

2. 核桃施肥

酸性土定植前应施石灰，注意土壤深翻或树盘深翻，以利幼树早结果、丰产、稳产。核桃施肥量为：1～2 年生幼树，年株施纯 N 0.1 千克，磷钾肥根据土壤含量适当施用；成年树基肥株施农家肥 150～250 千克、磷肥 1.5～2.5 千克、钾肥 2.5～5 千克。每年施追肥 2～3 次（发芽前、落花后和果实硬核期），每株追施尿素 1～2.5 千克。

（1）基肥。基肥以早为宜，应在采收后到落叶前完成，每棵成年树施 100～200 千克优质农家肥。

（2）追肥。追肥的适宜时期为开花前、幼果膨大和果实硬核 3 个时期，一般每株每次施硝酸磷肥 0.8～1 千克。

（3）叶面喷肥。喷肥时期为开花期、新梢速长期、花芽分化期及采收后，常用的喷肥种类为 0.1%～0.2%的硼酸、0.5%～1%的钼酸铵、0.3%～0.4%的硫酸铜等。

十九、茶树施肥技术

1. 茶树营养特性与施肥原则

针对茶园有机肥料投入量不足，土壤贫瘠及保水保肥能力差，部分茶园肥料用量偏高、氮磷钾肥配比不合理，中微量元素镁、硫、硼等缺乏时有发生，华南及其他茶区部分茶园过量施氮肥等问题，提出以下施肥原则：

（1）增施有机肥，有机无机配合施用，适量深施（15 厘米以下）。

（2）依据土壤肥力条件、茶叶种类和产量水平，确定氮肥用量，加强磷、钾、镁肥的配合施用，注意硫、硼等养分的补充，保持适宜的养分配比。

（3）出现严重土壤酸化的茶园（土壤 pH<4），可通过施用石灰等措施进行逐步改良。

（4）科学施肥与绿色增产增效栽培技术相结合。

2. 茶树施肥

按照农业农村部发布科学施肥技术意见：

（1）大宗绿茶和黑茶生产茶园，氮肥（N）16～25 千克/亩，干茶产量超过 200 千克/亩时，氮肥（N）22～30 千克/亩；名优绿茶和红茶，氮肥（N）13～20 千克/亩；乌龙茶生产茶园，氮肥（N）13～20 千克/亩，干茶产量超过 200 千克/亩时，氮肥（N）18～26 千克/亩。磷肥（P_2O_5）4～6 千克/亩，钾肥（K_2O）4～8 千克/亩。上述施肥量中包括有机肥料中的养分。

（2）缺镁、锌、硼的茶园，土壤施用镁肥（MgO）2～3 千克/

亩、硫酸锌 0.7～1 千克/亩、硼砂 1 千克/亩。

（3）缺硫茶园，选择含硫肥料如硫酸铵、硫酸钾、硫酸镁、过磷酸钙或硫酸钾型复合肥等。

原则上有机肥、磷、钾和镁等以秋冬季基肥为主，氮肥分次施用。其中，基肥施入全部的有机肥以及磷、钾、镁、微量元素肥料和占全年用量 30%～40% 的氮肥，施肥适宜时期在茶季结束后的 9 月底到 10 月底之间，基肥结合深耕施用，深度 15～20 厘米。追肥一般以氮肥为主，追肥时期依据茶树生长和采茶状况来确定，催芽肥在采春茶前 30～40 天施入，占全年用量的 30%～40%；夏茶追肥在春茶结束夏茶开始生长之前进行，一般在 5 月中下旬至 6 月上旬，用量为全年的 20% 左右；秋茶追肥在夏茶结束之后进行，一般在 7 月中下旬至 8 月初施用，用量为全年的 20% 左右。

对于只采春茶，不采夏秋茶园，可按上述施肥用量的下限确定；同时适当调整全年肥料运筹，在春茶结束、深（重）修剪之前追施全年用量 20% 的氮肥，当年 7 月下旬再追施一次氮肥，用量为全年的 20% 左右。

（4）推荐 18-8-12-2（N-P_2O_5-K_2O-MgO）或相近配方专用肥，与有机肥和速效氮肥配合施用。

每年基肥施用时期施用专用配方肥，推荐用量 30～50 千克/亩，配施商品有机肥 200～500 千克/亩；根据不同生产茶类和采摘量以追肥补充适量的速效氮肥。其中只采春茶的名优绿茶、只采春茶的乌龙茶茶园每亩补充氮肥（N）6～8 千克，全年采摘的绿茶茶园每亩补充氮肥（N）10～16 千克；全年采摘的乌龙茶茶园每亩补充氮肥（N）8～10 千克；红茶茶园每亩补充氮肥（N）6～8 千克。

第三章 粮油糖棉作物施肥技术

一、水稻施肥技术

1. 水稻营养特性与施肥原则

水稻的生长发育需要碳、氢、氧、硅、氮、磷、钾、钙、镁、铁、锰、锌、硼、铜、钼、氯等 17 种营养元素，供需关系存在较大差异的营养元素是氮、磷、钾。水稻养分吸收量，根据产量水平不同，生长环境不同而有所差异，亩产 500 千克稻谷和 500 千克稻草，从土壤中吸收纯 N 8.5～12.5 千克，P_2O_5 4～6.5 千克，K_2O 10.5～16.5 千克。水稻植株中氮、磷、钾的含量随水稻的生长而逐渐下降，但各种元素所出现的高峰时期与下降的程度是不一样的。自返青至孕穗期，各种元素吸收总量增加较快。自孕穗期以后，各种元素增加幅度有所不同，对氮素来说，至孕穗期已吸收生长全过程总量的 80%，其中磷为 60%，钾为 82%。植株吸收氮量有分蘖期和孕穗期两个高峰，吸收磷量在分蘖—拔节期是高峰，约占总量的 50%，抽穗期吸收量也较高。钾的吸收量集中在分蘖—孕穗期。自抽穗期以后，氮、磷、钾的吸收量都已微弱，因此，在灌浆期所需养分，大部分是抽穗期以前植株体内所贮藏的。

按照农业农村部发布科学施肥技术意见，全国分区水稻施肥建议如下：

2. 东北寒地单季稻区

包括黑龙江省全部及内蒙古自治区呼伦贝尔市的部分县（区、旗、场）。

（1）推荐 14-16-15（$N-P_2O_5-K_2O$）或相近配方。

（2）产量水平 450 千克/亩以下，配方肥 14～18 千克/亩，分蘖肥和穗粒肥分别追施尿素 4～5 千克/亩、2～3 千克/亩。

（3）产量水平 450～550 千克/亩，配方肥 18～23 千克/亩，分蘖肥和穗粒肥分别追施尿素 5～7 千克/亩、3 千克/亩。

（4）产量水平 550 千克/亩以上，配方肥 23～29 千克/亩、硫酸锌 1～2 千克/亩，分蘖肥和穗粒肥分别追施尿素 7～8 千克/亩、3～4 千克/亩，穗粒肥追施氯化钾 1～3 千克/亩，补充硅肥。

3. 东北吉辽蒙单季稻区

包括吉林、辽宁两省全部以及内蒙古自治区的赤峰、通辽和兴安盟三市（盟）的部分县（区、旗、场）。

（1）推荐 15-16-14（$N-P_2O_5-K_2O$）或相近配方。

（2）产量水平 500 千克/亩以下，配方肥推荐用量 19～24 千克/亩，分蘖肥和穗粒肥分别追施尿素 6～8 千克/亩、3～4 千克/亩。

（3）产量水平 500～600 千克/亩，配方肥 24～28 千克/亩、硫酸锌 1～2 千克/亩，分蘖肥和穗粒肥分别追施尿素 8～9 千克/亩、4～5 千克/亩，补充硅肥 10～15 千克/亩。

（4）产量水平 600 千克/亩以上，配方肥 28～33 千克/亩、硫酸锌 1～2 千克/亩，分蘖肥和穗粒肥分别追施尿素 9～11 千克/亩、5 千克/亩，穗粒肥追施氯化钾 1～3 千克/亩，补充硅肥 15～20 千克/亩。

4. 长江上游单季稻区

包括四川省东部，重庆市全部，陕西省南部，贵州省北部的部分县，湖北省西部。

（1）产量水平 450 千克/亩以下，氮肥（N）用量 6～8 千克/亩；产量水平 450～550 千克/亩，氮肥（N）用量 8～10 千克/亩；产量水平 550～650 千克/亩，氮肥（N）用量 10～12 千克/亩；产量水平 650 千克/亩以上，氮肥（N）用量 12～14 千克/亩。磷肥（P_2O_5）4～6 千克/亩，钾肥（K_2O）5～8 千克/亩（秸秆还田的中上等肥力田块钾肥用量 4～7 千克/亩）。

（2）氮肥基肥占 50%～60%，蘖肥占 20%～30%，穗肥占 20%～30%；有机肥与磷肥全部基施；钾肥基肥占 50%～60%，穗肥占 40%～50%。

（3）在缺锌和缺硼地区，适量施用锌肥和硼肥；在土壤酸性较强田块每亩基施含硅碱性肥料或生石灰 30～50 千克。

5. 长江中游单双季稻区

包括湖北省中东部，湖南省东北部，江西省北部，安徽省全部。

（1）产量水平 350 千克/亩以下，氮肥（N）用量 6～7 千克/亩；产量水平 350～450 千克/亩，氮肥（N）用量 7～8 千克/亩；产量水平 450～550 千克/亩，氮肥（N）用量 8～10 千克/亩；产量水平 550 千克/亩以上，氮肥（N）用量 10～12 千克/亩。磷肥（P_2O_5）4～7 千克/亩，钾肥（K_2O）4～8 千克/亩。

（2）氮肥基肥占 50%～60%，蘖肥占 20%～25%，穗肥占 20%～25%；磷肥全部作基肥；钾肥基肥占 50%～60%，穗肥占 40%～50%；在缺锌地区，适量施用锌肥（硫酸锌）1 千克/亩；适当基施含硅肥料；有机肥基施。

（3）施用有机肥或种植绿肥翻压的田块，基肥用量可适当减少；常年秸秆还田的地块，钾肥用量可减少 30% 左右。

6. 长江下游单季稻区

包括江苏省全部，浙江省北部。

（1）产量水平 500 千克/亩以下，氮肥（N）用量 8～10 千克/

亩，磷肥（P_2O_5）2～3 千克/亩，钾肥（K_2O）3～4 千克/亩；产量水平 500～600 千克/亩，氮肥（N）用量 10～12 千克/亩，磷肥（P_2O_5）3～4 千克/亩，钾肥（K_2O）4～5 千克/亩；产量水平 600 千克/亩以上，氮肥（N）用量 12～18 千克/亩，磷肥（P_2O_5）5～6 千克/亩，钾肥（K_2O）6～8 千克/亩。

（2）氮肥基肥占 40%～50%，蘖肥占 20%～30%，穗肥占 20%～30%；有机肥与磷肥全部基施；钾肥基肥占 50%～60%，穗肥占 40%～50%。缺锌土壤每亩施用硫酸锌 1～2 千克；适当基施含硅肥料。

（3）施用有机肥或种植绿肥翻压的田块，基肥用量可适当减少。

7. 江南丘陵山地单双季稻区

包括湖南省中南部，江西省东南部，浙江省南部，福建省中北部，广东省北部。

（1）产量水平 500 千克/亩左右，氮肥（N）10～13 千克/亩，磷肥（P_2O_5）3～4 千克/亩，钾肥（K_2O）8～10 千克/亩。

（2）氮肥分次施用，基肥占 35%～50%，分蘖肥占 25%～35%，穗肥占 20%～30%，分蘖肥适当推迟施用；磷肥全部基施；钾肥 50%作为基肥，50%作为穗肥。

（3）推荐秸秆还田或增施有机肥。常年秸秆还田的地块，钾肥用量可减少 30%左右；施用有机肥的田块，基肥用量可适当减少。

（4）土壤酸性较强的田块，整地时每亩施含硅碱性肥料或生石灰 40～50 千克。

（5）在缺镁或缺锌地区，每亩施用镁肥 2～3 千克（以 MgO 计）或硫酸锌 1～2 千克。

8. 华南平原丘陵双季早稻

包括广西壮族自治区南部，广东省南部，海南省，福建省东南部。

（1）推荐 18-12-16（$N\text{-}P_2O_5\text{-}K_2O$）或相近配方。

（2）产量水平 350 千克/亩以下，配方肥 20～25 千克/亩，分蘖肥和穗粒肥分别追施 4～6 千克/亩、3～5 千克/亩。

（3）产量水平 350～450 千克/亩，配方肥 25～30 千克/亩，分蘖肥和穗粒肥分别追施尿素 5～7 千克/亩、3～5 千克/亩。

（4）产量水平 450～550 千克/亩，配方肥 30～35 千克/亩，分蘖肥和穗粒肥分别追施尿素 7～10 千克/亩、4～7 千克/亩。

（5）产量水平 550 千克/亩以上，配方肥 35～40 千克/亩，分蘖肥和穗粒肥分别追施尿素 8～11 千克/亩、5～8 千克/亩。

（6）土壤酸性较强田块，整地时每亩施含硅碱性肥料或生石灰 40～50 千克。

（7）在缺镁或缺锌地区，每亩施用镁肥 2～3 千克（以 MgO 计）或硫酸锌 1～2 千克。

9. 西南高原山地单季稻区

包括云南省全部，四川省西南部，贵州省大部，湖南省西部，广西壮族自治区北部。

（1）推荐 17-13-15（$N-P_2O_5-K_2O$）或相近配方。

（2）产量水平 400 千克/亩以下，配方肥 20～26 千克/亩，分蘖肥和穗粒肥分别追施尿素 4～6 千克/亩、3～4 千克/亩。

（3）产量水平 400～500 千克/亩，配方肥 26～33 千克/亩，分蘖肥和穗粒肥分别追施尿素 6～7 千克/亩、4～5 千克/亩。

（4）产量水平 500～600 千克/亩，配方肥 33～39 千克/亩，分蘖肥和穗粒肥分别追施尿素 7～8 千克/亩、5～6 千克/亩，穗粒肥追施氯化钾 1～2 千克/亩。

（5）产量水平 600 千克/亩以上，配方肥 39～46 千克/亩，分蘖肥和穗粒肥分别追施尿素 8～10 千克/亩、6～7 千克/亩，穗粒肥追施氯化钾 2～4 千克/亩。

（6）在缺锌地区，每亩施用 1～2 千克硫酸锌；在土壤 pH 较低的田块每亩基施含硅碱性肥料或生石灰 30～50 千克。

二、小麦施肥技术

1. 小麦营养特性与施肥原则

一般中等肥力水平每生产 100 千克小麦籽粒需要氮（N）3 千克、磷（P_2O_5）1.0～1.5 千克、钾（K_2O）2.5～3.1 千克。小麦对氮、磷、钾养分的吸收量，随着植株营养体的生长和根系的建成，由苗期、分蘖期至拔节期逐渐增多，于孕穗期达到高峰。小麦不同生育期吸收氮、磷、钾养分的吸收率不同。氮的吸收有两个高峰，一个是从分蘖到越冬，这时小麦麦苗虽小，但这一时期的吸氮量占总吸收量的 13.5％，是群体发展较快时期。另一个是从拔节到孕穗，这一时期植株迅速生长，对氮的需要量急剧增加，吸氮量占总吸收量的 37.3％，是吸氮量最多的时期。对磷、钾的吸收，一般随小麦生长的推移而逐渐增多，拔节后吸收率急剧增长，40％以上的磷、钾养分是在孕穗以后吸收的。

小麦虽然吸收锌、硼、锰、铜、钼等微量元素的绝对数量少，但微量元素对小麦的生长发育却起着十分重要的作用。据试验资料，每生产 100 千克小麦，需吸收锌约 9 克。在小麦苗期和籽粒成熟期，应增强锌营养，否则，会影响小麦的分蘖和籽粒饱满度。锰对小麦的叶片、茎的生长影响较大。硼主要分布在叶片和茎顶端，缺硼的植株生育期推迟，雌雄蕊发育不良，不能正常授粉，最后枯萎不结实。

按照农业农村部发布科学施肥技术意见，全国分区小麦施肥建议如下：

2. 华北平原及关中平原灌溉冬麦区

包括山东和天津全部，河北中南部，北京中南部，河南中北部，陕西关中平原，山西南部。

第一，基追结合施肥方案：

15-20-10（N-P_2O_5-K_2O）或相近配方。施肥建议：

（1）产量水平 400 千克/亩以下，配方肥推荐用量 15～20 千克/

亩，起身期到拔节期结合灌水追施尿素 10～12 千克/亩。

（2）产量水平 400～500 千克/亩，配方肥推荐用量 20～25 千克/亩，起身期到拔节期结合灌水追施尿素 12～15 千克/亩。

（3）产量水平 500～600 千克/亩，配方肥推荐用量 30～35 千克/亩，起身期到拔节期结合灌水追施尿素 15～20 千克/亩。

（4）产量水平 600 千克/亩以上，配方肥推荐用量 35～40 千克/亩，起身期到拔节期结合灌水追施尿素 20 千克/亩。

第二，一次性施肥方案：

25-12-8（$N-P_2O_5-K_2O$）或相近配方，配方肥作基肥一次性施用，宜选用长效缓释新型肥料。施肥建议：

（1）产量水平 400 千克/亩以下，配方肥推荐用量 30～35 千克/亩。

（2）产量水平 400～500 千克/亩，配方肥推荐用量 35～45 千克/亩。

（3）产量水平 500～600 千克/亩，配方肥推荐用量 45～55 千克/亩。

（4）产量水平 600 千克/亩以上，配方肥推荐用量 55～65 千克/亩。

第三，其他要求：

在缺锌或缺锰地区可以基施硫酸锌或硫酸锰 1～2 千克/亩，缺硼地区可酌情基施硼砂 0.5～1 千克/亩。提倡结合"一喷三防"，在小麦灌浆期喷施微量元素水溶肥，或每亩用磷酸二氢钾 150～200 克和尿素 0.5～1 千克兑水 50 千克进行叶面喷施。若基肥施用一定数量有机肥，可酌情减少化肥用量 10% 左右。

3. 华北雨养冬麦区

包括江苏及安徽两省的淮河以北地区，河南东南部。

第一，基追结合施肥方案：

18-15-10（$N-P_2O_5-K_2O$）或相近配方。施肥建议：

（1）产量水平 350 千克/亩以下，配方肥推荐用量 20～25 千克/亩，起身期到拔节期结合降水追施尿素 5～7 千克/亩。

（2）产量水平 350～450 千克/亩，配方肥推荐用量 25～35 千克/亩，起身期到拔节期结合降水追施尿素 8～10 千克/亩。

（3）产量水平 450～600 千克/亩，配方肥推荐用量 35～45 千克/亩，起身期到拔节期结合降水追施尿素 10～15 千克/亩。

（4）产量水平 600 千克/亩以上，配方肥推荐用量 45～55 千克/亩，起身期到拔节期结合降水追施尿素 15～18 千克/亩。

第二，一次性施肥方案：

25-12-8（$N-P_2O_5-K_2O$）或相近配方，配方肥作基肥一次性施用，宜选用长效缓释新型肥料。施肥建议：

（1）产量水平 350 千克/亩以下，配方肥推荐用量 25～30 千克/亩。

（2）产量水平 350～450 千克/亩，配方肥推荐用量 30～40 千克/亩。

（3）产量水平 450～600 千克/亩，配方肥推荐用量 40～60 千克/亩。

（4）产量水平 600 千克/亩以上，配方肥推荐用量 60～70 千克/亩。

第三，其他要求：

在缺锌或缺锰地区可以基施硫酸锌或硫酸锰 1～2 千克/亩，缺硼地区可酌情基施硼砂 0.5～1 千克/亩。提倡结合"一喷三防"，在小麦灌浆期喷施微量元素水溶肥，或每亩用磷酸二氢钾 150～200 克和尿素 0.5～1 千克兑水 50 千克进行叶面喷施。若基肥施用一定量有机肥，可酌情减少化肥用量 10% 左右。

4. 长江中下游冬麦区

包括湖北、湖南、江西、浙江和上海五省（直辖市），河南南部，安徽和江苏两省的淮河以南地区。

第一，中浓度配方肥：

12-10-8（N-P$_2$O$_5$-K$_2$O）或相近配方。施肥建议：

（1）产量水平300千克/亩以下，配方肥推荐用量23～34千克/亩，起身期到拔节期结合灌水追施尿素6～9千克/亩。

（2）产量水平300～400千克/亩，配方肥推荐用量34～45千克/亩，起身期到拔节期结合灌水追施尿素9～12千克/亩。

（3）产量水平400～550千克/亩，配方肥推荐用量45～62千克/亩，起身期到拔节期结合灌水追施尿素12～17千克/亩。

（4）产量水平550千克/亩以上，配方肥推荐用量62～74千克/亩，起身期到拔节期结合灌水追施尿素17～20千克/亩。

第二，高浓度配方肥：

18-15-12（N-P$_2$O$_5$-K$_2$O）或相近配方。施肥建议：

（1）产量水平300千克/亩以下，配方肥推荐用量15～23千克/亩，起身期到拔节期结合灌水追施尿素6～9千克/亩。

（2）产量水平300～400千克/亩，配方肥推荐用量23～30千克/亩，起身期到拔节期结合灌水追施尿素9～12千克/亩。

（3）产量水平400～550千克/亩，配方肥推荐用量30～42千克/亩，起身期到拔节期结合灌水追施尿素12～17千克/亩。

（4）产量水平550千克/亩以上，配方肥推荐用量42～49千克/亩，起身期到拔节期结合灌水追施尿素17～20千克/亩。

第三，其他要求：

在缺硫地区可基施硫磺2千克/亩左右，若使用其他含硫肥料，可酌减硫磺用量。在缺锌或缺锰的地区，根据情况基施硫酸锌或硫酸锰1～2千克/亩。提倡结合"一喷三防"，在小麦灌浆期喷施微量元素水溶肥，或每亩用磷酸二氢钾150～200克和尿素0.5～1千克兑水50千克进行叶面喷施。

5. 西北雨养旱作冬麦区

包括山西中部，陕西中北部，河南西部，甘肃东部。

推荐 25-15-5（$N-P_2O_5-K_2O$）或相近配方，配方肥作基肥一次性施用，宜选用长效缓释新型肥料。施肥建议：

（1）产量水平 300 千克/亩以下，配方肥推荐用量 30～35 千克/亩。

（2）产量水平 300～400 千克/亩，配方肥推荐用量 35～40 千克/亩。

（3）产量水平 400～500 千克/亩，配方肥推荐用量 40～45 千克/亩。

（4）产量水平 500 千克/亩以上，配方肥推荐用量 45～50 千克/亩。

推荐施用农家肥 2 000～3 000 千克/亩。产量水平 400 千克/亩以上的田块，小麦返青拔节后宜结合春季降水追施尿素 3～5 千克/亩。禁用高含氯肥料，防止对麦苗的毒害。在缺锌或缺锰的地区，根据情况基施硫酸锌或硫酸锰 1～2 千克/亩。提倡结合"一喷三防"，在小麦灌浆期喷施微量元素水溶肥，或每亩用磷酸二氢钾 150～200 克和尿素 0.5～1 千克兑水 50 千克进行叶面喷施。

6. 西北灌溉春麦区

包括内蒙古自治区中部，宁夏回族自治区北部，甘肃省中西部，青海省东部和新疆维吾尔自治区。

（1）推荐 17-18-10（$N-P_2O_5-K_2O$）或相近配方，有条件的地方增施农家肥 2 000～3 000 千克/亩。

（2）产量水平 300 千克/亩以下，基施配方肥 15～20 千克/亩，起身期到拔节期结合灌水追施尿素 5～8 千克/亩。

（3）产量水平 300～400 千克/亩，基施配方肥 20～25 千克/亩，起身期到拔节期结合灌水追施尿素 8～12 千克/亩。

（4）产量水平 400～550 千克/亩，基施配方肥 30～35 千克/亩，起身期到拔节期结合灌水追施尿素 12～18 千克/亩。

（5）产量水平 550 千克/亩以上，基施配方肥 35～40 千克/亩，起身期到拔节期结合灌水追施尿素 15～20 千克/亩。

三、大麦施肥技术

1. 大麦营养特性与施肥原则

各种大麦在需肥特性方面有一定的差别，一般每生产 100 千克大麦籽粒约需氮（N）2.5 千克、磷（P_2O_5）1.03 千克和钾（K_2O）1.68 千克，N：P_2O_5：K_2O 为 1：0.4：0.7。大麦一生中需肥量出现两个高峰，呈 V 字形高—低—高的需肥规律，第一个高峰是在出苗到越冬期，要求有较高水平的氮素和适量的磷钾营养。第二个高峰是在返青以后进入营养生长和生殖生长并进期，形成器官较多，生长量较大，需肥量也增加。

2. 大麦施肥

根据大麦的吸肥规律及不同时期施肥对器官的促长效应，大麦施肥原则应是"前促、中控、后补"。前促就是在施足基肥的基础上，早施苗肥，促使壮苗早发，增加穗数。中控就是少施或不施蜡肥，使拔节期出现正常的叶色褪淡过程，控制拔节期的苗数和基部节间的伸长。后补即适时适量补施拔节孕穗肥，增加粒数和粒重。

基肥和追肥。提倡有机肥和无机肥结合，按照大麦亩产 200～250 千克，一般亩施商品有机肥 300～400 千克或者农家肥 3 000～4 000 千克、45％复混肥料 50 千克、尿素 10 千克。其中有机肥全部用作基肥，复混肥料 80％即 40 千克做基肥，10 千克做拔节期追肥，尿素 10 千克全部做三叶期追肥。必要时可以施用硫酸锌 1 千克/亩。

叶面施肥。针对大麦的吸肥特点，在拔节期、孕穗期分别叶面喷施一次浓度为 0.5％的磷酸二氢钾，对提高大麦产量和改善品质很有必要。

四、荞麦施肥技术

1. 荞麦营养特性与施肥原则

荞麦是一种需肥较多的作物。每生产 100 千克荞麦籽粒，需要从土壤中吸收纯氮 4.01～4.06 千克、五氧化二磷 1.66～2.22 千克、氧化钾 5.21～8.18 千克，吸收比例为 1：0.41～0.45：1.3～2.02。

施肥应以"基肥为主、种肥为辅、追肥为补"，"有机肥为主、无机肥为辅"。施用量应根据地力基础、产量指标、肥料质量、种植密度、品种和当地气候特点科学掌握。

2. 荞麦施肥

（1）基肥。荞麦基肥一般以有机肥为主，也可配合施用无机肥。基肥是荞麦的主要肥料，应占总施肥量的 50％～60％。一般产量情况下，亩施商品有机肥 300 千克或者农家肥 3 000 千克、45％复混肥料 45 千克、尿素 10 千克。其中有机肥全部用作基肥，复混肥料 80％即 36 千克做基肥，9 千克做拔节期追肥，尿素 10 千克全部做三叶期追肥。必要时可以施用硫酸锌 1 千克/亩。

（2）叶面施肥。针对荞麦的吸肥特点，在拔节期、孕穗期分别叶面喷施一次浓度为 0.4％左右的磷酸二氢钾，对提高大麦产量和改善其品质很有必要。

五、玉米施肥技术

1. 玉米营养特性与施肥原则

玉米又名包谷。各地研究表明，每生产 100 千克玉米籽粒，春玉米氮、磷、钾吸收比例为 1：0.3：1.5，需吸收氮（N）3.5～4.0 千克、磷（P_2O_5）1.2～1.4 千克、钾（K_2O）5～6 千克；夏玉米需吸收氮（N）2.5～2.7千克、磷（P_2O_5）1.1～1.4千克、钾（K_2O）3.7～4.2千克，氮、磷、钾吸收比例为1∶0.5∶1.5。一般春玉米（拔节前）吸氮，苗期仅占总吸收量的2.2％，中期（拔节至抽穗开花）占51.2％，后期（抽穗后）占46.6％。而夏玉米吸氮，苗期占9.7％，中期占78.4％，后期占11.9％。春玉米吸磷，苗期占总吸收量的1.1％，中期占63.9％，后期占35.0％；夏玉米吸收磷，苗期占10.5％，中期占80％，后期占9.5％。玉米对钾的吸收，春夏玉米均在拔节后迅速增加，且在开花期达到峰值，吸收速率大，容易导致供钾不足，出现缺钾症状。

按照农业农村部发布科学施肥技术意见，全国分区玉米施肥建议如下：

2. 东北冷凉春玉米区

包括黑龙江省大部和吉林省东部。

（1）推荐14-18-13（N-P_2O_5-K_2O）或相近配方。

（2）产量水平500千克/亩以下，配方肥推荐用量18～23千克/亩，七叶期追施尿素9～11千克/亩。

（3）产量水平500～600千克/亩，配方肥23～28千克/亩，七叶期追施尿素11～13千克/亩。

（4）产量水平600～700千克/亩，配方肥28～32千克/亩，七叶期追施尿素13～16千克/亩。

（5）产量水平700千克/亩以上，配方肥32～37千克/亩，七叶期追施尿素16～18千克/亩。

3. 东北半湿润春玉米区

包括黑龙江省西南部、吉林省中部和辽宁省北部。

第一，基追结合施肥建议：

（1）推荐15-18-12（N-P_2O_5-K_2O）或相近配方。

（2）产量水平550千克/亩以下，配方肥20～24千克/亩，大喇叭口期追施尿素 10～13 千克/亩。

（3）产量水平 550～700 千克/亩，配方肥 24～31 千克/亩，大喇叭口期追施尿素 13～16 千克/亩。

（4）产量水平 700～800 千克/亩，配方肥 31～35 千克/亩，大喇叭口期追施尿素 16～18 千克/亩。

（5）产量水平 800 千克/亩以上，配方肥 35～40 千克/亩，大喇叭口期追施尿素 18～21 千克/亩。

第二，一次性施肥建议：

（1）推荐 29-13-10（N-P_2O_5-K_2O）或相近配方。

（2）产量水平 550 千克/亩以下，配方肥 27～33 千克/亩，作为基肥或苗期追肥一次性施用。

（3）产量水平 550～700 千克/亩，配方肥 33～41 千克/亩，作为基肥或苗期追肥一次性施用。

（4）产量水平 700～800 千克/亩，要求有 30％释放期为 50～60 天的缓控释氮素，配方肥 41～47 千克/亩，作为基肥或苗期追肥一次性施用。

（5）产量水平 800 千克/亩以上，要求有 30％释放期为 50～60 天的缓控释氮素，配方肥 47～53 千克/亩，作为基肥或苗期追肥一次性施用。

4. 东北半干旱春玉米区

包括吉林省西部、内蒙古自治区东北部、黑龙江省西南部。

（1）推荐 13-20-12（N-P_2O_5-K_2O）或相近配方。

（2）产量水平 450 千克/亩以下，配方肥 19～25 千克/亩，大喇叭口期追施尿素 8～10 千克/亩。

（3）产量水平 450～600 千克/亩，配方肥 25～33 千克/亩，大喇叭口期追施尿素 10～14 千克/亩。

（4）产量水平 600 千克/亩以上，配方肥 33～38 千克/亩，大喇叭口期追施尿素 14～16 千克/亩。

5. 东北温暖湿润春玉米区

包括辽宁省大部和河北省东北部。

(1) 推荐 17-17-12（$N-P_2O_5-K_2O$）或相近配方。

(2) 产量水平 500 千克/亩以下，配方肥 20～24 千克/亩，大喇叭口期追施尿素 11～14 千克/亩。

(3) 产量水平 500～600 千克/亩，配方肥 24～29 千克/亩，大喇叭口期追施尿素 14～16 千克/亩。

(4) 产量水平 600～700 千克/亩，配方肥 29～34 千克/亩，大喇叭口期追施尿素 16～19 千克/亩。

(5) 产量水平 700 千克/亩以上，配方肥 34～39 千克/亩，大喇叭口期追施尿素 19～22 千克/亩。

6. 夏玉米区

在冬小麦—夏玉米轮作中，玉米与小麦相比，施磷量较少，但施钾量较大。具体施肥量要看作物产量和土壤肥力，农业部测土配方施肥专家组建议：

(1) 亩产量在 500 千克以上的田块，亩施氮肥（N）12～14 千克，磷肥（P_2O_5）4～5 千克，钾肥（K_2O）5～7 千克。

(2) 亩产 400～500 千克的田块，亩施氮肥（N）10～12 千克，磷肥（P_2O_5）3～4 千克，钾肥（K_2O）4～6 千克。

(3) 亩产 400 千克以下的田块，亩施氮肥（N）8～10 千克，磷肥（P_2O_5）2～3 千克，钾肥（K_2O）2～3 千克。

常年秸秆还田的田块，可适当减少钾肥用量。在缺锌、缺硼田块，每亩应分别补施硫酸锌和硼砂各约 1 千克。

施肥方法。大量的科学试验和生产实践证明，小麦、玉米两茬作物的施氮量大致相当；磷肥主要施给冬小麦，夏玉米可利用小麦茬的磷肥后效，少施甚至不施磷肥；玉米是喜钾作物，钾肥主要施给夏玉米。玉米磷钾肥的全部或大部及氮肥总量的 40%～50% 作基肥，其余氮肥作追肥，主要在大喇叭口期（12～16 个可见叶）施用或拔节（6～9 个可见叶）至大喇叭口期择时分施。

六、马铃薯施肥技术

1. 马铃薯营养特性与施肥原则

马铃薯又名土豆、洋芋，是一种以块茎为经济产品的作物，每生产 1 000 千克鲜薯需氮（N）4.5～5.5 千克、磷（P_2O_5）1.8～2.2 千克、钾（K_2O）8.1～10.2 千克。氮、磷、钾之比约为 1:0.4:2，马铃薯需钾量大，属典型的喜钾作物。苗期是马铃薯的营养生长期，此期植株吸收的氮、磷、钾分别为全生育期总量的 18%、14%、14%。块茎形成期所吸收的氮、磷、钾分别占总量的 35%、30%、29%，而且吸收速度快。块茎增长期，主要以块茎生长为主，植株吸收的氮、磷、钾分别占总量的 35%、35%、43%，养分需要量最大，吸收速率仅次于块茎形成期。淀粉积累期叶中的养分向块茎转移，茎叶逐渐枯萎，养分吸收减少，植株吸收氮、磷、钾养分分别占总量的 12%、21%、14%，此时，供应一定的养分对块茎的形成与淀粉积累有着重要意义。

按照农业农村部发布科学施肥技术意见，全国分区马铃薯施肥建议如下：

2. 北方马铃薯一作区

包括内蒙古、甘肃、宁夏、河北、山西、陕西、青海、新疆等地。

（1）推荐 11-18-16（$N-P_2O_5-K_2O$）或相近配方作种肥，尿素与硫酸钾（或氮钾复合肥）作追肥。

（2）产量水平 3 000 千克/亩以上，配方肥（种肥）推荐用量 60 千克/亩，苗期到块茎膨大期分次追施尿素 20～22 千克/亩、硫酸钾 12～15 千克/亩。

（3）产量水平 2 000～3 000 千克/亩，配方肥（种肥）推荐用量 50 千克/亩，苗期到块茎膨大期分次追施尿素 15～18 千克/亩、硫酸钾 8～12 千克/亩。

（4）产量水平 1 000～2 000 千克/亩，配方肥（种肥）推荐用量 40 千克/亩，苗期到块茎膨大期追施尿素 8～12 千克/亩、硫酸钾 5～8 千克/亩。

（5）产量水平 1 000 千克/亩以下，建议施用 19-10-16 或相近配方的配方肥 35～40 千克/亩，播种时一次性施用。

3. 南方春作马铃薯区

包括云南、贵州、广西、广东、湖南、四川、重庆等地。

（1）推荐 13-15-17（$N-P_2O_5-K_2O$）或相近配方作基肥，尿素与硫酸钾（或氮钾复合肥）作追肥；也可选择 15-5-20 或相近配方做追肥。

（2）产量水平 3 000 千克/亩以上，配方肥（基肥）推荐用量 60 千克/亩；苗期到块茎膨大期分次追施尿素 10～15 千克/亩、硫酸钾 10～15 千克/亩，或追施配方肥（15-5-20）20～25 千克/亩。

（3）产量水平 2 000～3 000 千克/亩，配方肥（基肥）推荐用量 50 千克/亩；苗期到块茎膨大期分次追施尿素 5～10 千克/亩、硫酸钾 8～12 千克/亩，或追施配方肥（15-5-20）15～20 千克/亩。

（4）产量水平 1500～2 000 千克/亩，配方肥（基肥）推荐用量 40 千克/亩；苗期到块茎膨大期分次追施尿素 5～10 千克/亩、硫酸钾 5～10 千克/亩，或追施配方肥（15-5-20）10～15 千克/亩。

（5）产量水平 1 500 千克/亩以下，配方肥（基肥）推荐用量 40 千克/亩；苗期到块茎膨大期分次追施尿素 3～5 千克/亩、硫酸钾 4～5 千克/亩，或追施配方肥（15-5-20）10 千克/亩。

（6）每亩施用 200～500 千克商品有机肥或 2 000～3 000 千克农家肥做基肥；若基肥施用了有机肥，可酌情减少化肥用量。

（7）对于缺硼或缺锌土壤，可基施硼砂 1 千克/亩或硫酸锌 1～2

千克/亩。

4. 南方秋冬马铃薯区

（1）产量水平 3 000 千克/亩以上，氮肥（N）11～13 千克/亩，磷肥（P_2O_5）9～11 千克/亩，钾肥（K_2O）12～15 千克/亩。

（2）产量水平 2 000～3 000 千克/亩，氮肥（N）9～11 千克/亩，磷肥（P_2O_5）7～9 千克/亩，钾肥（K_2O）10～12 千克/亩。

（3）产量水平 1 500～2 000 千克/亩，氮肥（N）7～9 千克/亩，磷肥（P_2O_5）5～7 千克/亩，钾肥（K_2O）7～10 千克/亩。

（4）产量水平 1 500 千克/亩以下，氮肥（N）6～7 千克/亩，磷肥（P_2O_5）3～5 千克/亩，钾肥（K_2O）5～7 千克/亩。

（5）推荐 13-15-17（N-P_2O_5-K_2O）或相近配方作基肥，尿素与硫酸钾（或氮钾复合肥）作追肥；也可选择 15-5-20 或相近配方做追肥。施用配方肥（基肥）用量 40～50 千克/亩。

（6）每亩施用 2 000～3 000 千克农家肥作基肥，或每亩施用有机肥 200～400 千克；若基肥施用有机肥，可酌情减少化肥用量 15％～20％。氮钾肥 40％～50％作基肥，50％～60％作追肥，磷肥全部作为基肥，对于土壤质地偏砂的田块，钾肥应分次施用。对于硼或锌缺乏的土壤，可基施硼砂 1 千克/亩或硫酸锌 1～2 千克/亩。

七、甘薯施肥技术

1. 甘薯营养特性与施肥原则

甘薯又名红薯、地瓜、红苕、山芋、白薯、番薯、甜薯。甘薯以地下块根为经济产品，据研究，每产 1 000 千克鲜薯，需氮（N）4.9～5.0 千克、磷（P_2O_5）1.3～2.0 千克、钾（K_2O）10.5～12.0 千克。氮、磷、钾之比约为 1：0.3：2.1。甘薯对氮素的吸收于生长的前、中期速度快，需要量大，主要用于茎叶生长。茎叶生产盛期对氮素的吸收利用达到高峰，后期茎叶衰退，薯块迅速膨大，对氮素吸收速度变慢，需要量减少；对磷素的吸收利用，随着茎叶的生长，吸收量逐渐增大，到薯块膨大期吸收利用量达到高峰；对钾素的吸收利用，从开始生长到收获较氮、磷都高。土壤有效锌含量在 0.5 毫克/千克以下或叶片镁含量低于 0.05％时，需及时补充锌肥和镁肥。

2. 甘薯施肥

（1）有机肥的施用。有机肥是一种营养完全，施用后分解缓慢、肥效作用时间长、适应甘薯生育期较长需要的肥料。它还可以改良土壤，培肥地力，提高土壤基础产量。通常用作底肥，撒后翻耕起埂栽薯。用量可根据肥源、土壤养分状况和产量水平而定。

（2）氮肥的施用。施用方法掌握基施和追施相结合的原则，一般基肥占总用量的 70％，剩余的 30％于薯苗移栽 60 天左右追入。因土壤质地不同，施肥方法也不同。黏土总用量的 85％用做基肥，余下的 15％于生长中期追入；砂土以追肥为主，总用量的 30％用作基肥，50％于栽苗 50 天后追入，20％在栽苗后 90 天追入，追肥穴施要盖严，以防止氮肥挥发损失。

（3）磷肥的施用。磷素在土壤中移动较小，一般全部磷肥与有机肥作底肥一起施入，但需均匀的施在甘薯根系附近，以满足不同生长阶段的吸收利用。

（4）钾肥的施用。除化学钾肥外，草木灰加以合理施用和进行秸秆还田，也是提高土壤钾素含量的可行途径。施钾应施在根能直接吸收的地方，禁止大量集中施在叶片和根上，以防止因浓度过高而产生危害。钾肥常用作基肥和追肥，也可用作喷洒。基施一般每亩施氧化钾 4～8 千克，条施或撒施于土壤耕层后起埂，然后移栽薯苗。追肥一般在土壤供应养分能力较低的土地上施用，氧化钾用量 3～5 千克/亩，可在甘薯移栽后 20～45 天追入，深度 5～10厘米。

（5）叶面喷洒：甘薯生长期，采用该法施钾是一种补救措施。一般磷酸二氢钾每亩用量 200～500 克，以 200～400 倍水溶液使用。

八、高粱施肥技术

1. 高粱营养特性与施肥原则

高粱对土壤适应性广，吸肥力强，在有机质丰富、肥力较高的砂质壤土上种植，较易获得高产。瘦瘠旱地，缺磷低钾，必须增施肥料，才能得到好的收成。高粱苗期植株小，需肥量不多。拔节至开花期，植株生长旺盛，营养物质从拔节开始由茎叶转向幼穗，贮存于穗中，形成籽粒，因此此时保证充足的营养供应，是高产的基础。开花至成熟期，氮、磷、钾的营养供应直接影响高粱的灌浆和成熟，适量氮素供应，可以加速灌浆，提高籽粒中蛋白质含量，但过多过迟也会引起贪青迟熟，降低产量与品质。

2. 高粱施肥

高粱一般要求亩施农家肥 2 000～3 000 千克、过磷酸钙 15～25 千克，钾肥 10～20 千克等作基肥，基肥施用有撒施和条施两种方法，撒施多在播前结合耕耙田地施用。条施则在播种前后起垄开沟施用。另外播种时亩施腐熟稀粪水 1 000 千克或少量氮素化肥作种肥，有利全苗壮苗。追肥以氮肥为主，主要施拔节肥和孕穗肥。高粱追肥期在拔节期与大喇叭口期，促进穗分化和减少小花退化，实现穗大粒多。

当追施尿素每亩超过 15 千克时应分期追施。高粱追肥以前重后轻为好，重施拔节肥（拔节期），轻施孕穗肥（孕穗期），一般在有三分之二的叶片全展时亩施钾肥 5～8 千克，碳酸氢铵 40 千克。开沟条施、穴施或撒施，撒施时须配以深中耕或浇水，以利肥效发挥。生育后期可适当根外追肥，在抽穗和灌浆初期喷施磷酸二氢钾（0.1％的浓度）或尿素（2％的浓度），以促进早熟和增加产量。在高粱生产上必须注意平衡施肥，特别是氮磷配合施用，可以避免养分供应失调，能够显著提高肥效。低产地块上，土壤本来就缺氮少磷，单施一种肥料，常常由于氮磷比例失调，不能很好发挥作用，造成肥料浪费，增产效果不大。

据试验研究，氮磷配合施用作种肥可以促进生育，苗期生长快，叶片增多，生长势强，增强了植株代谢机能，可以提高植株吸收能力，显著提高肥效，穗重增加，增产幅度大，可以成倍增加产量。因此在低产土壤上合理搭配，均衡施肥是一项经济施肥的有效措施。

九、谷子施肥技术

1. 谷子营养特性与施肥原则

谷子又名小米。每生产 100 千克谷子籽粒约需吸收氮（N）2.71 千克、磷（P_2O_5）1 千克、钾（K_2O）4 千克。在不同生育阶段，对氮、磷、钾的吸收量是不同的。抽穗前低产谷和高产谷吸氮量分别占总吸收氮量的 76.5％和 63.5％，低产田前期吸氮量较大，相对而言高产田较小。吸氮强度以拔节至抽穗阶段最大，其次是开花灌浆期。幼苗阶段生长缓慢，吸氮较少，仅占全生育期的 1％～7％，拔节以后随着干物质的增加而增加。孕穗阶段吸氮最多，为全生育期的 60％～80％。对磷的吸收，低产条件下以孕穗期强度最大，而中高产田生育后期强度最大，乳熟期达到高峰，此期吸磷量比抽穗期高 27.8％，比孕穗期高 16.9％，比苗期高 69 倍。对钾的吸收和最大积累强度在拔节抽穗阶段，占生育期吸收总量的 50.7％。

2. 谷子施肥

施足基肥是谷子高产的基础。为避免犁地前失墒，多采用秋施或早春施，以保证谷子全苗。一般每亩施农家肥 2 000 千克左右，产量会随着施肥量的增加而逐步提高，但应注意最佳施肥量受品种、地力水平、栽培措施、产量水平、气候因素等条件影响，随有关因素的变化要作适当增加或降低。在施有机肥的同时，应配施一定量的氮、磷肥。在施肥方法上，浅施不如深施，撒施不如沟施。

种肥是播种时集中施于种子附近的优质农肥或化肥，也可二者混合施用。种肥的效果与施肥量有关，每亩氮（N）肥的用量一般为0.5～1千克，可施用硫酸钾2.5千克。追肥可分为苗肥、拔节肥、穗肥、粒肥等。苗期追肥可以促进壮苗的形成，但氮肥不宜多用。拔节肥一般用量较大，目的是促壮秆和小穗分化，搭好丰产架子，保证大穗饱粒形成。穗粒肥是在底肥和拔节肥施用不足，群体可能出现后期脱肥时施用。瘠薄地块和高寒地区追氮期可适当提前。

十、大豆施肥技术

1. 大豆营养特性与施肥原则

大豆是需肥较多的作物之一。每生产相同数量的大豆籽粒，吸收的养分量与大豆品种特性、土壤肥力高低以及栽培措施有密切关系。一般情况下，每生产100千克大豆籽粒需吸收氮（N）7.0～9.5千克、磷（P_2O_5）1.3～1.9千克、钾（K_2O）2.5～3.7千克。其中以需氮最多，其次是钾，同时还需要充足的硫、铜、钼、硼、锌等中微量元素。大豆所需的氮一部分来自大豆本身根瘤固定的氮，一部分来自土壤和肥料。在苗期，大豆吸收的氮仅占吸氮总量的4％，开花结荚期对氮的吸收量增大，占总量的19％，结荚及鼓粒期对氮的吸收量更大，占总量的70％左右，鼓粒期以后，对氮的吸收基本停止。大豆从出苗到初花期吸收的磷仅占吸磷总量的15％，开花结荚期占60％，结荚到鼓粒期占20％。钾的吸收从出苗到开花期占吸钾总量的32％，该期对钾的吸收高于氮、磷，开花到鼓粒期占总量的62％，而鼓粒期到成熟期仅占6％。总之，结荚期是大豆吸收氮、磷、钾养分最多的时期，而且吸收速度快，如果肥料供应不足，大豆易出现脱肥现象。

2. 东北大豆施肥

包括辽宁省、吉林省、黑龙江省、内蒙古自治区。

（1）依据大豆养分需求，氮、磷、钾（N-P_2O_5-K_2O）施用比例在高肥力土壤为 1∶1.2∶0.5～0.8；在低肥力土壤可适当增加氮钾用量，氮、磷、钾施用比例为 1∶1∶0.7～1.0。

（2）产量水平 130～150 千克/亩，氮肥（N）2～3 千克/亩、磷肥（P_2O_5）2～3 千克/亩、钾肥（K_2O）1～2 千克/亩。

（3）产量水平 150～175 千克/亩，氮肥（N）3～4 千克/亩、磷肥（P_2O_5）3～4 千克/亩、钾肥（K_2O）2～3 千克/亩。

（4）产量水平 175 千克/亩以上，氮肥（N）3～4 千克/亩、磷肥（P_2O_5）4～5 千克/亩、钾肥（K_2O）2～3 千克/亩。

十一、花生施肥技术

1. 花生营养特性与施肥原则

花生是重要的油料作物，也是一种需肥较多的作物，除需要较多的氮、磷、钾外，对钙、镁、硫、铁等元素的吸收量也高于其他作物。每生产 100 千克荚果，约需氮（N）4.5～6 千克、磷（P_2O_5）0.8～1.3 千克、钾（K_2O）3～4.5 千克、钙 1.35～1.92 千克、铁 0.16 千克。花生幼苗期对氮、磷、钾的吸收量较少，约占全生育期总吸收量的 5% 左右。花针期吸收量显著增加，对氮、磷、钾吸收量分别占全生育期吸收量的 17%、22%、22%；结果期对氮、磷、钾的吸收达到高峰，吸收量分别占总吸收量的 42%、46%、56%。饱果成熟期以后，花生对各种营养物质的吸收显著减少，对氮、磷、钾的吸收分别占总吸收量的 28%、22%、17%。花生氮、磷营养的最大吸收期在结荚期，对钾的吸收高峰比氮、磷早，一般出现在花针期。

按照农业农村部发布科学施肥技术意见，全国分区花生施肥建议如下：

2. 北方农牧交错区

包括辽宁省、吉林省、黑龙江省、河北省、山西省、内蒙古自治区、新疆维吾尔自治区等农牧交错区。

（1）推荐配方。基肥 13-15-17、13-18-14、12-14-14 或相近配方；追肥 25-0-5 或相近配方。

（2）基肥。产量水平 150～200 千克/亩，配方肥推荐用量 30～35 千克/亩；产量水平 200～300 千克/亩，配方肥推荐用量 35～40 千克/亩；产量水平 300～400 千克/亩，配方肥推荐用量 40～45 千克/亩。建议增施农家肥 2 000～3 000 千克/亩。

（3）追肥。在开花后下针期前，结合中耕培土作业，每亩追施氮肥（N）2.5～3.5 千克。

（4）叶面追肥。于开花下针期之后，采用 1% 的磷酸二铵水溶液，或 0.5% 的磷酸二氢钾水溶液进行 2～3 次叶面追肥，每亩喷施 40～50 千克，每次间隔 7～10 天。

（5）种肥。在肥力较低的地块建议施种肥，可以施用磷酸二铵 5 千克/亩。

3. 黄淮海区

主要包括河南省、山东省、安徽省、河北省南部等地区，花生种植方式主要有春花生、麦套花生、夏直播花生。

（1）推荐配方。氮、磷、钾配方为 20-15-10、13-15-17 或相近配方。

（2）基肥。结合播前整地施用。

春播花生：550 千克/亩以上产量水平，推荐施用量为 60～70 千克/亩；400～550 千克/亩产量水平，推荐施用量为 50～60 千克/亩；400 千克/亩以下产量水平，推荐施用量为 40～50 千克/亩。可配合施用石膏（碱性土壤）或生石灰（酸性土壤）30～40 千克/亩，农家肥 1 000～2 000 千克/亩。

麦套花生：500 千克/亩以上产量水平，推荐施用量为 55～60 千克/亩；350～500 千克/亩产量水平，推荐施用量为 50～55 千克/亩；350 千克/亩以下产量水平，推荐施用量为 45～50 千克/亩。

夏直播花生：450 千克/亩以上产量水平，推荐施用量为 50～60 千克/亩；300～450 千克/亩产量水平，推荐施用量为 40～50 千克/亩；300 千克/亩以下产量水平，推荐施用量为 30～40 千克/亩。

（3）追肥。根据花生长势，开花下针期追施尿素 5.0～7.5 千克/亩；花针期喷施硼、锌、钼等微量元素肥料，结荚期喷施锌、锰、铁、铜等微量元素肥料，饱果期喷施钙、锌等中微量元素肥料。

4. 长江中下游区

主要包括湖北省、湖南省、江苏省等花生产区。

（1）推荐配方。南方地区花生基肥推荐 15-15-15、13-15-17 或相近配方。

（2）基肥。产量水平 150～200 千克/亩，配方肥 30～35 千克/亩，钙镁磷肥 50 千克/亩，熟石灰 30～40 千克/亩，硼肥 0.5 千克/亩，拌入磷肥或石灰撒施，或 0.1 千克/亩始花期喷施，使用 0.3% 硫酸锌水溶液浸种 3 小时，或 0.5 千克拌入磷肥或细土中撒施；产量水平 200～300 千克/亩，配方肥 35～40 千克，钙镁磷肥 50 千克，熟石灰 40～50 千克，硼、锌肥同上；产量水平 300～400 千克/亩，配方肥 40～45 千克，钙镁磷肥 50 千克，熟石灰 50～60 千克，硼、锌肥同上。南方温度高、湿度大，不建议在花生当季施用有机肥或农家肥，以免中后期徒长、倒伏，不便于收获，尤其是机械化作业。

（3）追肥。下针期在叶面无水时，每亩用熟石灰、钙镁磷肥、草木灰各 15 千克，混匀后形成“黑白粉”撒施，壮籽效果好。此外，建议后期叶面喷施 0.3% 磷酸二氢钾水溶液。

5. 南方丘陵区

包括四川省、福建省、广东省、广西壮族自治区、贵州省、江西省等花生产区。

（1）推荐配方。基肥 13-10-17、10-13-13 或相近配方；追肥用 10-6-15、25-5-5 或相近配方。

（2）基肥。产量水平 150～200 千克/亩，基施商品有机肥 200～300 千克/亩，配方肥推荐用量 30～35 千克/亩；产量水平 200～300 千克/亩，基施商品有机肥 200～400 千克/亩，配方肥推荐用量 35～40 千克/亩；产量水平 300～400 千克/亩，基施商品有机肥 300～500 千克/亩，配方肥推荐用量 40～45 千克/亩。提倡各种肥料在整地时作一次性全层基肥施用，以后不再追肥。

春季花生覆膜种植，在旋耕整地前撒施商品有机肥 300～500 千克/亩、石灰 50 千克/亩、复合肥 20～30 千克/亩作基肥。如不施用有机肥料，则施用复合肥 40～50 千克/亩和钙镁磷肥 50 千克/亩作基肥；如不覆膜种植，适当减少基肥用量。

（3）追肥。在花生开花下针期结合中耕追施尿素 5～7.5 千克/亩、硫酸钾 5～10 千克/亩，或氮钾复合肥 10 千克/亩。

十二、油菜施肥技术

1. 油菜营养特性与施肥原则

油菜是需肥多，耐肥性强的作物。需氮、磷、钾量都较禾本科作物大，对硼、钙等微量元素吸收大大超过其他作物。常规油菜品种，每形成 100 千克油菜籽需氮（N）5.8 千克、磷（P_2O_5）2.5 千克、钾（K_2O）4.3 千克。杂交油菜每生产 100 千克油菜籽需氮（N）4.03 千克、磷（P_2O_5）1.67 千克、钾（K_2O）6.16 千克，N：P_2O_5：K_2O 为 1：0.41：1.53。现蕾—初花期是油菜吸收养分的高峰时期，50% 的 N、65% 的 P_2O_5、60% 的 K_2O 都是这一阶段吸收的。出苗—现蕾期油菜需肥量也较大，40%N、30%P_2O_5、30%K_2O 是这一阶段吸收的。说明在油菜营养生长时期和营养生长与生殖生长并进时期，植株体内氮、磷、钾养分积累已达到总量的 90%。初花—终花期，油菜植株仍吸收一定数量的氮、磷、钾。终花—成熟期，植株吸收养分已很少了，叶片也逐步趋于衰老、脱落。

按照农业农村部发布科学施肥技术意见，全国分区油菜施肥建议如下：

2. 长江上游冬油菜区

包括四川、重庆、贵州、云南四省（直辖市）及湖北西部、陕西南部冬油菜区。

（1）基追配合推荐 20-11-10（$N-P_2O_5-K_2O$，含硼）或相近配方的配方肥，一次性施肥推荐 25-7-8（$N-P_2O_5-K_2O$，含硼）或相近配方的专用缓（控）释配方肥。每亩施用农家肥 1 000 千克以上或商品有机肥 75～100 千克时可减施 25％左右的化肥。

（2）产量水平 200 千克/亩以上：前茬作物为水稻时，配方肥推荐用量 50 千克/亩，越冬苗肥追施尿素 5～8 千克/亩，薹肥追施尿素 5～8 千克/亩；或者一次性施用专用缓（控）释配方肥 60 千克/亩。前茬作物为烟草或大豆时可酌情减少施肥量 10％左右。

（3）产量水平 150～200 千克/亩：前茬作物为水稻时，配方肥推荐用量 40～50 千克/亩，越冬苗肥追施尿素 5～8 千克/亩，薹肥根据苗情追施尿素 3～5 千克/亩；或者一次性施用专用缓（控）释配方肥 50 千克/亩。前茬作物为烟草或大豆时可酌情减少施肥量 10％左右。

（4）产量水平 100～150 千克/亩：前茬作物为水稻时，配方肥推荐用量 35～40 千克/亩，越冬苗肥追施尿素 5～8 千克/亩；或者一次性施用油菜专用缓（控）释配方肥 40 千克/亩。前茬作物为烟草或大豆时可酌情减少施肥量 10％左右。

（5）产量水平 100 千克/亩以下：配方肥推荐用量 30～40 千克/亩；或者一次性施用专用缓（控）释配方肥 30 千克/亩。

3. 长江中下游冬油菜区

包括安徽、江苏、浙江三省和湖北大部。

（1）基追配合推荐 24-9-7（$N-P_2O_5-K_2O$，含硼）或相近配方的配方肥，一次性施肥推荐 25-7-8（$N-P_2O_5-K_2O$，含硼）或相近配方的专用缓（控）释配方肥。每亩施用农家肥 1 000 千克以上或商品有机肥 75～100 千克时可减施 25％左右的化肥。

（2）产量水平 200 千克/亩以上：配方肥推荐用量 50 千克/亩，越冬苗肥追施尿素 5～8 千克/亩，薹肥追施尿素 5～8 千克/亩和氯化钾 5～6 千克/亩；或者一次性施用专用缓（控）释配方肥 60 千克/亩。

（3）产量水平 150～200 千克/亩：配方肥推荐用量 40～50 千克/亩，越冬苗肥追施尿素 5～8 千克/亩，薹肥根据苗情追施尿素 3～5 千克/亩和氯化钾 3～5 千克/亩；或者一次性施用专用缓（控）释配方肥 50 千克/亩。

（4）产量水平 100～150 千克/亩：配方肥推荐用量 35～40 千克/亩，薹肥追施尿素 5～8 千克/亩；或者一次性施用专用缓（控）释配方肥 40 千克/亩。

（5）产量水平 100 千克/亩以下：配方肥推荐用量 25～30 千克/亩，薹肥追施尿素 3～5 千克/亩；或者一次性施用油菜专用缓（控）释配方肥 30 千克/亩。

4. 三熟制冬油菜区

包括湖南、江西两省及广西北部、湖北南部。

（1）基追配合推荐 18-8-9（$N-P_2O_5-K_2O$，含硼）或相近配方的配方肥，一次性施肥推荐 25-7-8（$N-P_2O_5-K_2O$，含硼含镁）或相近配方的专用缓（控）释配方肥。每亩施用农家肥 1 000 千克以上或商品有机肥 75～100 千克时可减施 25％左右的化肥。

（2）产量水平 180 千克/亩以上：配方肥推荐用量 50 千克/亩，薹肥追施尿素 5～8 千克/亩；或者一次性施用专用缓（控）释配方肥 50 千克/亩。

（3）产量水平 150～180 千克/亩：配方肥推荐用量 40～45 千克/亩，薹肥追施尿素 5～8 千克/亩；或者一次性施用专用缓（控）释配方肥 40～50 千克/亩。

（4）产量水平 100～150 千克/亩：配方肥推荐用量 35～40 千克/

亩，薹肥追施尿素 3～5 千克/亩；或者一次性施用专用缓（控）释配方肥 40 千克/亩。

（5）产量水平 100 千克/亩以下：配方肥推荐用量 25～30 千克/亩，薹肥追施尿素 3～5 千克/亩；或者一次性施用专用缓（控）释配方肥 30 千克/亩。

5. 黄淮冬油菜区

包括河南、甘肃和陕西关中冬油菜区。

（1）基追配合推荐 20-12-8（N-P_2O_5-K_2O，含硼）或相近配方的配方肥，一次性施肥推荐 18-8-6（N-P_2O_5-K_2O，含硼）或相近配方的专用缓（控）释配方肥。每亩施用农家肥 1 000 千克以上或商品有机肥 75～100 千克时可减施 20%左右的化肥。

（2）产量水平 200 千克/亩以上：配方肥推荐用量 50 千克/亩，越冬苗肥追施尿素 5～8 千克/亩，薹肥追施尿素 3～5 千克/亩；或者一次性施用专用缓（控）释配方肥 60 千克/亩。

（3）产量水平 150～200 千克/亩：配方肥推荐用量 40～50 千克/亩，越冬苗肥追施尿素 5～8 千克/亩；或者一次性施用专用缓（控）释配方肥 50 千克/亩。

（4）产量水平 100～150 千克/亩：配方肥推荐用量 35～40 千克/亩，越冬苗肥追施尿素 5～8 千克/亩；或者一次性施用专用缓（控）释配方肥 40 千克/亩。

（5）产量水平 100 千克/亩以下：配方肥推荐用量 25～30 千克/亩，越冬苗肥追施尿素 3～5 千克/亩；或者一次性施用专用缓（控）释配方肥 30 千克/亩。

6. 北方春油菜区

包括内蒙古、青海、甘肃西部、新疆、西藏、宁夏等地。

（1）产量水平 150 千克/亩以下，氮肥（N）6～8 千克/亩，磷肥（P_2O_5）4 千克/亩，钾肥（K_2O）2.5 千克/亩，硫酸锌 1 千克/亩，硼砂 0.5 千克/亩。

（2）产量水平 150～200 千克/亩，氮肥（N）8～9 千克/亩，磷肥（P_2O_5）5 千克/亩，钾肥（K_2O）2.5 千克/亩，硫酸锌 1.5 千克/亩，硼砂 0.75 千克/亩。

（3）产量水平 200 千克/亩以上，氮肥（N）9～11 千克/亩，磷肥（P_2O_5）5～6 千克/亩，钾肥（K_2O）3.0 千克/亩，硫酸锌 1.5 千克/亩，硼砂 1.0 千克/亩。

（4）有条件时，可一次性施用春油菜专用种肥和缓控释基肥组合，推荐 15-15-15（N-P_2O_5-K_2O，硫基）配方的种肥、28-12-8（N-P_2O_5-K_2O）或相近配方的春油菜专用肥（加硼和锌），根据目标产量推荐种肥用量为 5～8 千克/亩、基肥用量为 20～30 千克/亩。如果没有施用种肥，可根据苗情在薹期追施尿素 2～5 千克/亩。

十三、芝麻施肥技术

1. 芝麻营养特性与施肥原则

芝麻是喜肥作物，每生产 100 千克籽粒，需要吸收纯氮 8～9 千克，五氧化二磷 3 千克、氧化钾 7 千克、钙（CaO）7.45～7.54 千克、镁（MgO）3.33～3.81 千克。芝麻在生长前期苗情弱小，根系也不发达，吸收氮、磷、钾肥能力弱，而生育中后期，进入营养生长与生殖生长并进时期，根系也进入旺发期，需肥量加大，如果此期肥力不足，就会导致植株矮小，花荚少，籽粒也少，产量低。钙的吸收以花期至封顶期最多，占到总吸收量的 1/28。镁的吸收与钾类似，几乎 90% 的吸收量在苗期至封顶间被吸收。

2. 芝麻施肥

（1）施足底肥。增施底肥，有利于促进植株根系发达，主根增长，侧根增多，吸收养分多，苗期早发，叶面积增大，光合作用增强，搭起丰产的苗架。具体来讲，底肥必须一次性施足施全，每亩需施腐熟的农家肥 2 000～2 500 千克、磷肥 20～25 千克、钾肥 10～15 千克、硼肥 0.7～1 千克。若加施商品有机肥 75～100 千克/亩，复合肥 20～25 千克/亩，则增产效果更显著。

（2）巧施蕾肥。芝麻现蕾期正进入花芽分化时期，这时植株营养生长和生殖生长同时并旺。因此，施好蕾肥对芝麻高产举足轻重。现蕾肥一般以氮肥为主，磷、钾肥为辅，施肥后随即进行中耕松土掩肥。天气干旱时，施后应喷水以充分发挥肥效，也可采用浇淋方法，即每亩用尿素 4～6 千克兑水 200 千克浇泼于芝麻蔸部。此外，对缺硼地区和缺硼土壤还应酌情增施硼肥。

（3）重施花肥。芝麻进入开花期生长最迅速，此期吸收的营养物质占整个生育期间的 70%～80%。为了能满足植株生长发育的需要，使芝麻生长旺盛，增加花蒴的数量，使籽粒充实饱满，必须重施花肥。所以一定要重施一次花荚肥，一般每亩用尿素 5～8 千克兑水 200 千克浇泼于芝麻蔸部，也可施用商品有机肥等。

（4）叶面喷肥。据试验，在花期喷施两次磷酸二氢钾溶液，千粒重平均增加 0.09 克，增产率为 19%。喷施两次，即在初花期喷施 1 次，隔 5 天后喷施第二次，一般每亩用磷酸二氢钾 200～250 克兑水 50～62.5 千克稀释后喷施。

十四、油茶施肥技术

1. 油茶营养特性与施肥原则

油茶幼林施肥应以农家肥为主，坚持有机肥与迟效肥结合、有机肥与无机肥结合的原则，以获得较好的施肥作用。油茶盛果期施肥要氮、磷、钾合理配比，一般氮、磷、钾的比例以 10∶6∶8 为好。施肥要掌握好几个原则：看山施肥，看树施肥，看肥施肥，看季节施肥。一般早春多施氮肥和适量的钾肥，冬季施农家肥和有机肥，以固果和防寒；看树施肥要分大小年酌情施肥，大年多施氮肥和磷肥；看肥施肥指肥料的种类、搭配和用量要根据具体情况而定。

2. 油茶施肥

（1）幼龄茶树施肥。油茶栽植当年可以不施肥，以后每年施肥 2 次，以有机肥为主，春季 3～4 月施复合肥，冬季 11 月至翌年 1 月施有机肥，采用沟施方法。有条件的可在 6～7 月树苗恢复后适当施用有机肥，或每株施 25～50 克尿素或专用肥；以后每年 3 月新梢萌动前半个月左右施入氮肥，每株 0.1～0.5 千克，以供应抽梢展叶和花芽分化、果实生长的需要；11 月上旬则以农家肥或粪肥作为越冬肥，每株 5～10 千克，随着树体的增长，施肥量逐年递增。11 月施足保暖越冬肥，在 10～11 月用 0.2％的磷酸二氢钾溶液进行叶面施肥，以利越冬。

（2）成林树施肥。每年施肥 2～3 次，一般冬季 11 月至翌年 1 月施有机肥，施肥量为 2～3 千克/株；春季 3～4 月施复合肥（N、P、K 总量大于 30％），施肥量为 0.5～1 千克/株；夏季 6～7 月，根据油茶树的果实数量和叶片叶色、树势进行施肥，如挂果量大、叶片偏黄，可增施复合肥 0.3～0.5 千克/株作保果肥。

（3）叶面肥喷施。在油茶花期即每年 11～12 月，喷施硼肥、磷酸二氢钾等叶面肥，隔 15～20 天喷施 1 次。在 7～9 月油脂转化高峰期喷施磷酸二氢钾，提高果实含油率。

十五、甘蔗施肥技术

1. 甘蔗营养特性与施肥原则

甘蔗的生长期长，产量高，一般亩产量可达 5～8 吨，高产能达 10 吨，它在整个生育期间需要的养分较多。据研究，每生产出 1 吨的甘蔗，就需要消耗氮 1.5～2 千克、磷 1～1.5 千克、钾 2～2.5 千克、钙 0.5～0.75 千克。甘蔗各生育期对养分的吸收：甘蔗各生育期对养分吸收总的趋势是苗期少，分蘖期逐渐增加，伸长期吸收量最大，成熟期又减少。

2. 甘蔗施肥

（1）施足底肥。底肥一般在种植前施用，以有机肥为主，搭配化肥，可以为蔗芽提高充足的养分生长，一般每亩施入农家肥 1 500～2 000 千克，并搭配复合肥 20～30 千克。春植甘蔗可开穴施入，将其施在穴内，再在两侧施入无机肥，而冬植甘蔗可以将其做盖种肥，施肥后覆土一层，这样可以蔗芽安全越冬。

（2）苗期施肥。为了甘蔗尽快分蘖早生快发，所以在苗期要早施提苗肥，这样可促进蔗芽的根系生长，促进叶片生长，提高光合作用。苗肥建议使用高氮复合肥，当蔗苗生长出 3～4 片叶时，这时每亩使用复合肥 8～10 千克，可兑水穴施，也可在中耕除草时培土施入，但在干旱时应该兑水穴施。当幼苗分蘖后，这时为了分蘖粗壮，要施壮蘖肥，一般使用高氮高钾的复合肥，每亩使用 8～15 千克，和苗肥一样，兑水或培土施用。

（3）生长中后期施肥。甘蔗的中期主要是伸长期，这时是茎干快速的生长时候，也是增产的关键点，所以施肥必须要重施。一般在伸长初期和伸长盛期，每次每亩使用高氮复合肥 15～20 千克，并结合中耕培土进行，促进根系生长，提高根系的吸收能力。而后期施肥主要是养育地下部蔗芽，为翌年宿根打好基础，一般在成熟前两月施用一次壮尾肥，每亩使用复合肥 5～8 千克。

（4）增施硅钙肥。甘蔗是一种需硅钙较多的作物。硅钙肥通常作基肥施用，每亩用炉渣硅肥 450～650 千克或高效硅肥 20 千克（有效二氧化硅大于 50%），与有机肥配施效果更佳。

十六、甜菜施肥技术

1. 甜菜营养特性与施肥原则

甜菜是重要的糖料作物，其需肥特点主要表现在 3 个方面：一是耗肥量大，二是吸肥力强，三是吸肥周期长。据测定，每生产 1 000

千克甜菜块根约需氮（N）6.5千克、磷（P_2O_5）2.1千克、钾（K_2O）8.3千克。甜菜幼期生长缓慢，吸肥不多，约占全生育吸肥总量的15%～20%。甜菜繁盛期形成大量叶片，肥大的块根开始加快合成糖分，吸肥达到高峰，对氮、磷、钾的吸收量分别占全生育期的80%、58%、63%。块根成熟期，甜菜对磷钾的吸收量仍然较高，对氮的吸收量显著减少，占全生育期的70%左右。

2. 甜菜施肥

（1）基肥：甜菜基肥施用应掌握好茬口，氮、磷、钾施用比例以1:1:1为宜，土壤含氮较低，磷、钾较高的地区以2:1:1的比例为宜。甜菜基肥施用农家肥量应占全生育期施肥量的55%～60%。一般每亩产2 000千克甜菜块根，东北、内蒙古、新疆等地底施农家肥2 000～3 000千克。

（2）种肥：种肥施用量占总施肥量的10%～15%，一般每亩施氮（N）0.7～1千克、磷（P_2O_5）1～1.5千克、钾（K_2O）3～4千克的化肥。

（3）追肥：追肥施用量占总施用量的30%～40%，追肥每亩施氮（N）5～7千克、磷（P_2O_5）3～4千克、钾（K_2O）7～9千克，以两次追肥为好。第一次在定苗后施用，第二次在封垄前结合中耕施用。后期可用尿素、磷酸二氢钾叶面喷施补充养分。

十七、棉花施肥技术

1. 棉花营养特性与施肥原则

棉花是需钾较多的经济作物。每生产100千克皮棉，约需吸收氮（N）17.45千克、磷（P_2O_5）6.32千克、钾（K_2O）15.47千克，其比例约为1:0.33:1。一般棉花现蕾以前，吸收养分较少，但这一阶段植株对磷素营养的要求特别敏感。现蕾以后棉株生育加快，需肥量增加，现蕾至开花25天左右时间，吸收氮、磷、钾分别占全生育期总吸收量的 11%、7% 和 9%，每天吸收量比现蕾前增长 3～4 倍。初花至盛花 15 天左右时间，营养生长和生殖生长并进，该阶段吸收氮、磷、钾分别占总吸收量的 56%、24% 和 36%。盛花到吐絮 1 个月内，吸收氮、磷、钾分别占总吸收量的 23%、51% 和 42%。吐絮到收花完毕大约 2 个月时间，这一阶段吸收氮、磷、钾数量分别占总吸收量的 5%、14% 和 11% 左右。

按照农业农村部发布科学施肥技术意见，全国分区棉花施肥建议如下：

2. 黄淮海棉区

包括河南、河北、山东以及山西、陕西、辽宁部分地区。

（1）皮棉亩产 85～100 千克的条件下，亩施优质农家肥 2 吨以上，氮肥（N）12～14 千克，磷肥（P_2O_5）6～8 千克，钾肥（K_2O）6～8 千克。对于硼、锌缺乏的棉田，注意补施硼砂、硫酸锌，每亩 1～2 千克。硼肥叶面喷施，亩用量 100～150 克水溶性硼肥，在现蕾—开花期进行喷施。

（2）有机肥在犁地前全部施入土壤做基肥。氮肥 25%～30% 作基肥，25%～30% 用在初花期，25%～30% 用在盛花期，10%～25% 作盖顶肥；磷肥 85% 作基肥，15% 作种肥；钾肥全部作基肥或基追（初花期）各半。从盛花期开始，对长势弱的棉田，结合施药混喷 0.5%～1.0% 尿素和 0.3%～0.5% 磷酸二氢钾溶液 35～50 千克/亩，每隔 7～10 天喷 1 次，连续喷施 2～3 次。

3. 长江中下游棉区

包括江苏、湖北、安徽、江西、湖南、上海、浙江、四川等省（直辖市）。

（1）皮棉亩产 90～110 千克的条件下，亩施优质农家肥 1.5 吨以上，氮肥（N）13～15 千克，磷肥（P_2O_5）6～7 千克，钾肥（K_2O）10～12 千克。对于硼、锌缺乏的棉田，注意补施硼砂 1.0～2.0 千克/亩和硫酸锌 1.5～2.0 千克/亩。低产田适当调低施肥量 20% 左右。

（2）有机肥在犁地前全部施入土壤作基肥。氮肥 25%～30%作基施，25%～30%用作初花期追肥，25%～30%用作盛花期追肥，15%～20%用作铃期追肥；磷肥全部作基施；钾肥 60%用作基施，40%用作初花期追肥。从盛花期开始对长势较弱的棉田，喷施 0.5%～1.0%尿素和 0.3%～0.5%磷酸二氢钾溶液 25～30 千克/亩，每隔 7～10 天喷 1 次，连续喷施 2～3 次。

4. 西北棉区

（1）膜下滴灌棉田：皮棉亩产 120～150 千克，在秸秆全部还田的基础上，亩施用商品有机肥 100～150 千克或者农家肥 600～1 000 千克、氮肥（N）20～22 千克、磷肥（P_2O_5）8～10 千克、钾肥（K_2O）5～6 千克；皮棉亩产 150～180 千克，在秸秆全部还田的基础上，亩施用商品有机肥 150～200 千克或者农家肥 600～1 000 千克、氮肥（N）22～24 千克、磷肥（P_2O_5）10～12 千克、钾肥（K_2O）6～8 千克。对于硼、锌缺乏的棉田，亩施用硼砂 1.0～2.0 千克、硫酸锌 1.5～2.0 千克。硼肥叶面喷施，亩用量 100～150 克。

有机肥在犁地前全部施入土壤做基肥。氮肥基肥占 20%左右，追肥占 80%左右（现蕾期 20%，开花期 20%，花铃期 30%，棉铃膨大期 10%），磷肥、钾肥基肥占 50%左右，其他作追肥。全生育期追肥次数 8 次左右，从现蕾期开始追肥，一水一肥。前期氮多磷少，中后期磷多氮少，结合滴灌系统实行灌溉施肥。提倡选用水溶复合肥配合尿素施用，水溶肥提倡选用高磷低钾品种。一般前期尿素与水溶复合肥用量比例 2∶1，中后期尿素与水溶复合肥用量比例 1∶1，8 月底开始只施用专用复合肥。

（2）常规灌溉（淹灌或沟灌）棉田：皮棉亩产 110～130 千克，在秸秆全部还田的基础上，亩施用商品有机肥 200 千克或农家肥 1～1.5 吨、氮肥（N）22～26 千克、磷肥（P_2O_5）7～8 千克、钾肥

（K_2O）6～8千克；皮棉亩产130千克以上，亩施用商品有机肥150～200千克或农家肥1 500～2 000千克、氮肥（N）25～28千克、磷肥（P_2O_5）10～13千克、钾肥（K_2O）6～9千克。对于硼、锌缺乏的棉田，亩施用硼砂1.0～2.0千克、硫酸锌1.5～2.0千克。硼肥叶面喷施，亩用量100～150克。

有机肥在犁地前全部施入土壤作基肥。45%～50%的氮肥用作基施，50%～55%的氮肥作追肥。30%的氮肥用在初花期，20%～25%的氮肥用在盛花期。50%～60%的磷钾肥用作基施，40%～50%的磷钾肥用作追肥，分现蕾肥、花铃肥两次施入，一般现蕾肥占总量20%左右，花铃肥占总量30%左右。硼肥叶面喷施效果较好，亩用量100～150克。锌肥做基肥施用，亩用量1～2千克。

第四章　中药材烟草花卉养鱼施肥技术

一、百合施肥技术

1. 百合营养特性与施肥原则

百合是需肥较多的作物之一，施肥对其增产作用明显。每生产鲜百合 1 000 千克需氮（N）25 千克、磷（P_2O_5）14 千克、钾（K_2O）30 千克。百合对氮的吸收主要在出苗后半月至两个半月，开花后期对氮素吸收开始下降。其吸氮高峰分别在出苗后 3 周和出苗后 9 周。百合对磷的吸收从出苗后 18 天开始，吸收强度逐日增加，一个半月达到高峰，以后逐渐下降。其吸磷高峰在枞形期至孕蕾期和现蕾期。百合对钾的吸收从出苗后 2 周开始，然后直线上升，开花后吸收钾的速度明显下降。吸收钾的高峰较氮、磷早些，一般在出苗后 1 个月左右。

2. 百合施肥

（1）基肥。一般每亩施农家肥 2 500 千克、商品有机肥 50～75 千克、尿素 8 千克、过磷酸钙 20～30 千克、硫酸钾 7.5～10 千克。施肥后将肥料翻入土中，并和土壤充分混匀。避免肥料和种球直接接触，以防灼伤仔鳞茎。

（2）追肥。为使栽植的仔鳞茎能在清明前早出苗、出壮苗，南方在 1 月前后，每亩用农家肥 2 000 千克左右铺撒畦面，外加商品有机肥 50 千克和草木灰 75 千克。北方平畦栽种百合，可在早春末解冻时将肥料施入，一般每亩施农家肥2 000～3 000千克。施肥后盖一层薄土。4月上旬百合苗逐步长高，约在10厘米高时，及时施提苗肥，以促进秧苗生长。一般每亩施尿素10千克。当地上茎"罩根"尚未大量发生前，每亩施商品有机肥200千克，肥料施入行间，结合中耕埋入土中。5月下旬打顶后，应控制施用氮肥，否则会导致中、后期茎叶生长过旺，影响鳞茎发育肥大。百合珠芽收获后，叶色逐渐变浅，说明养分不足。为防止早衰应及时追施速效性肥料。

二、桔梗施肥技术

1. 桔梗营养特性与施肥原则

桔梗根茎中的氮、磷、钾含量分别在地上部营养生长期及枯萎期有较大的波动，并且含量都有明显的升高，生育中期含量降低，在枯萎期含量又出现明显的升高。地上部分快速生长期、枯萎期是桔梗营养吸收的高峰期。每生产根茎100千克，约吸收氮（N）0.413 3千克、磷（P_2O_5）0.330 1千克、钾（K_2O）为0.603 3千克，N：P_2O_5：K_2O=1.25：1：1.83。

2. 桔梗施肥

根据桔梗生物学和养分营养特点，桔梗栽培适宜于种植在阳光充足、土层深厚、排水良好的砂质壤土地块，每亩施农家肥3.5吨和过磷酸钙30千克、草木灰150千克，拌匀撒于土壤中，深耕细耙，整平做畦，畦宽1.2米，畦高15～20厘米。追肥：除一次性施足底肥外，开始有少数花朵凋谢，进入末花期以后，第二次吸收高峰期来临前为最佳追肥期。

三、厚朴施肥技术

1. 厚朴营养特性与施肥原则

厚朴的生长发育过程分为苗木生长和林木生长两个阶段。定植后

5～13年树龄生长速度快，到20年时，生长速度减缓。厚朴主根发达，可深入土层1米以上，要求土层深厚疏松肥沃。

2. 厚朴施肥

育苗施肥。苗期追肥两次。5月中旬1次，施肥量为尿素5千克/亩，6月中、下旬1次，施肥量为尿素10千克/亩，复合肥（15-15-15）15千克/亩，混匀后沟施于幼苗行间，移栽定植宜在秋季落叶后到第二年雨水前进行，按行距、株距挖穴，穴径、穴深、穴底要平，在挖好的穴内施入农家肥每亩约1200千克与土拌匀，每穴栽苗1株，移栽时必须使根部伸展自如，不能弯曲，然后盖土压实，浇足定根水后，再盖一层松土。

定植后5～6年内，与套种作物同时进行中耕除草，追肥和培土。树冠封林后，每隔2～3年于夏季中耕1次，把杂草翻入土中作肥料，并于冬季培土时再施商品有机肥或农家肥1次，施肥掌握前期少而淡，后期多而浓的原则。

四、艾草施肥技术

1. 艾草营养特性与施肥原则

艾草喜湿润、温暖的气候，以肥沃潮湿的土壤生长较好。人工栽培在低中山地区及丘陵地带，气温在24～30℃生长繁盛，高于30℃茎秆易抽枝老化，病虫害严重，冬季温度低于−3℃，易导致当年生宿根生长不良。

2. 艾草施肥

育苗施肥。种植艾草选择土层深厚、肥沃、疏松，排水、排气好，保肥能力较强，富含腐殖质的砂质壤土作为苗床地。三犁三耙，结合整地，每亩施农家肥1 000～2 000千克作为基肥，开沟作畦。

分株繁殖。3～4月从母株上分割新分蘖出的幼苗，于雨后土壤湿润时，在畦面上按行距40厘米，株距30厘米开穴，每穴栽苗2～3株，浇施稀释的人畜粪水；根茎繁殖2～3月选择发芽前的幼嫩根茎，截成10～15厘米长的小段，在畦面上开沟，沟距35～50厘米，将茎每隔20厘米平放一段于沟内，覆土压实后浇水。

追肥。灌水追肥干旱季节，苗高80厘米以下，通过叶面喷灌浇水，苗高80厘米以上时全园漫灌。幼苗栽植成活后，苗高至30厘米左右按亩施用尿素6千克作提苗肥，晴天叶面喷施，阴雨天撒施，每次除草后施以尿素或无公害化处理的人畜粪尿进行追肥。

五、白术施肥技术

1. 白术营养特性与施肥原则

白术为多年生草本野生，多生长于800～1 800米山坡草地及山坡林下，林中喜凉爽气候，怕高温多湿，忌积水。多栽培于海拔850～1 650米处山谷向阳田地上或阴凉地方，适于坡度较小的瘠薄阴坡、荒地等，以排水良好、土层深厚、表土疏松，土壤 pH5.5～7.0，有机质含量≥3％，肥力较高的壤土或砂质壤土为宜。

2. 白术施肥

白术适宜在中性或弱酸性壤土的区域种植。白术喜凉爽气候，怕高温多湿，水渍而烂根，较耐寒耐旱，要求土壤疏松、肥力大。追肥：现蕾前后可追肥1次，结合中耕除草，每亩施入人畜粪尿1 500千克或尿素5千克，摘蕾后一周，可再追肥1次。

六、半夏施肥技术

1. 半夏营养特性与施肥原则

半夏为浅根系植物，喜肥、喜湿，怕旱、怕涝，要求土壤比较湿润，当土壤湿度超过一定范围时，又会生长不良，导致烂根、块茎腐烂，甚至整个植株倒苗、死亡，严重影响产量。

2. 半夏施肥

半夏种植过程中宜采用测土配方施肥。对于一般肥力土壤，每亩施用氮、磷、钾分别为纯氮 9 千克、五氧化二磷 13 千克、氧化钾 13 千克，其中，70%的氮肥和全部的磷钾肥作基肥，结合整地时施入，30%的氮肥分 2 次分别于齐苗期和佛焰苞期追施。如土壤缺磷或缺钾，则应相应地增施磷肥或钾肥。

七、柴胡施肥技术

1. 柴胡营养特性与施肥原则

柴胡喜温暖湿润环境，好光、忌荫蔽、耐寒、耐干旱、怕水涝，适应性强，对土壤要求不严。但在土壤肥沃疏松，土层深厚的夹砂地上生长良好，产量高、品质佳。盐碱地及黏土地不宜种植。

2. 柴胡施肥

初耕整地，选择地势较高、阳光充足、土质疏松、土层深厚、排水良好、富含有机质的砂质壤土或壤土地，选好后施用基肥，每亩施入北柴胡专用肥 130～150 千克（尿素、钙镁磷肥、硫酸钾、硼砂、硫酸锌比为 3∶28∶6∶1∶2），以及商品有机肥 300～400 千克或农家肥 1 500～2 000 千克，然后深翻 25 厘米左右，耙平，起畦宽 0.9 米，宽 30～35 厘米，高 20～25 厘米。

追肥：结合中耕除草，中耕宜浅，亩施尿素 10 千克、磷酸二铵 7.5 千克、硫酸钾 10 千克。第二年返青后，当苗高 3 厘米左右时，亩追施尿素 20 千克和商品有机肥 50 千克或硫酸钾 40～50 千克，7 月再亩施尿素 5 千克，最好开沟施在植物根部，如施在表面，则侧根多，影响药材商品质量。

八、贝母施肥技术

1. 贝母营养特性与施肥原则

贝母发育期内吸收养分的顺序为 N、K、P，更新芽萌动期吸收 N、K 量为最高，尤其对 N 的积累比例较高，氮、磷、钾的积累比为 13.3∶1∶6，以后随着生育期的延长，含量逐渐降低，以结果期为最低，此期果实的形成需要消耗较多的养分。鳞茎中养分主要供给地上植株，用于果实的生长发育。植株体内平均氮、磷、钾含量比例为 4.75∶1∶2.26，可根据比例进行指导施肥。

2. 贝母施肥

根据浙贝母的生长习性，浙贝母的施肥可以分为基肥、冬肥、苗肥和花肥等。

(1) 基肥：在下种时施用基肥，有较为明显的增产效果。一般基肥用农家肥等迟效性肥料，每亩施用 2 000～3 000 千克。由于贝母早期根生长、芽分化所需要的营养，基本上是靠鳞茎供给的，所以其需肥量是比较少的。基肥主要是供生长后期植株的生长，因此宜选用迟效性肥料。

(2) 冬肥：一般在 12 月下旬施用。这是最重要而且用肥量最大的一次施肥。它不仅要满足植株生长旺期的需要，还要对改良土壤、提高土温和保护芽越冬起积极作用。冬肥要以迟效性肥料为主，适当配合速效性肥料，如商品速效有机肥、复合肥等。

(3) 苗肥：在次年 2 月上、中旬苗基本出齐时施用。苗肥要尽量早施，因此时贝母鳞茎养分已有一半消耗掉了，植株迅速生长，需要养分供应。苗肥以速效性氮肥为主，可一次施足，也可分两次施用，而以分两次施用效果较好。若在苗肥中再增施草木灰，可提高鳞茎的产量。

(4) 花肥：在摘花以后施用。此肥可进一步促进植株茎叶生长，延迟枯萎期，并为鳞茎迅速膨大提供充分条件。施用时要看土壤肥力和贝母的具体生长情况。若种植密度大、生长茂盛的地块，氮肥过多会引起灰霉病，造成植株迅速枯死而减产，故可少施或不施。

九、苍术施肥技术

1. 苍术营养特性与施肥原则

茅苍术，即南苍术，为菊科多年生草本植物。苍术喜凉爽干燥气候，一般生长在山坡、林下及草地。苍术适宜选择通风凉爽，土质砂兼泥的生地、开荒地，地形宜东晒，避西晒，半阴半阳的坡地、熟地。

2. 苍术施肥

翻种前用 100 千克/亩的生石灰撒于地面做消毒处理，通风不好的地块、积水的地块不适宜，不能在上茬作物是苍术的地块复种。翻耕前，每亩施农家肥 1 500 千克、复合肥 25 千克作基肥，或施苍术专用肥 200 千克/亩，均匀撒施，翻耕时用锄头深挖种植地块，深度 20 厘米以上。翻地完成后，耙平耙细，拣净杂草。根据地块大小做成宽 1 米的高畦，畦面呈龟背形，畦的沟宽 20～25 厘米、深 15～20 厘米，围沟的沟宽 30～35 厘米、沟深 25～30 厘米，横沟的沟宽 30～35 厘米、沟深 25～30 厘米。通过合理施肥，可使苍术的产量和质量有很大提高，不同施肥量对产量的影响达到显著或极显著差异水平。追肥：苍术生长的第一年无需追肥，一般在生长一年后的 11 月进行第一次追肥，待清理田园后，结合培土撒施苍术专用肥 50 千克/亩，将肥料均匀撒施畦面上，然后从畦沟挖土，以盖没肥料为度，并保证畦高 20 厘米以上，第二次追肥于苍术生长两年后，苗出齐后进行，条施苍术专用肥 30～40 千克/亩，结合中耕除草，先将肥料均匀地条施到行间，再用锄头将肥料用土覆盖。施用农家肥，坚持农家肥腐熟后施用，并在施肥后盖土，以减少葱蝇、蛴螬的发生与危害。

十、麦冬施肥技术

1. 麦冬营养特性与施肥原则

麦冬为百合科山麦冬属植物，麦冬宜选择地势平坦向阳，土层深厚且肥沃的砂质壤土种植。栽种前深耕耙细整平几天后，每亩施入充分腐熟的农家肥，再深耕耙细整平，然后开沟作畦，畦宽 1.5～2 米、高 15～20 厘米。

2. 麦冬施肥

选择地势平坦向阳，土层深厚且肥沃的砂质壤土地块，栽种前深耕 20～30 厘米，耙细整平，几天后每亩基肥施入农家肥 1 500～2 000 千克。除平整土地施足基肥外，在花初开时，选择下雨前再施 1 次有机肥，每亩撒施农家肥 2 000 千克。追肥结合除草进行效果更好。进入盛花期用多效唑＋新型植物生长调节剂，每亩用量 50 克兑水 52 千克，并每亩配入磷酸二氢钾 0.15～0.25 千克，每千克加水 50 千克进行喷施。

采用配方施肥技术，在 3 月底施用商品有机肥 200～300 千克/亩，加上麦冬配方专用肥（氮、磷、钾比为 1：0.3：1.5）高浓度（15-5-25）或中浓度（10-5-15）200～300 千克/亩，在 5 月中下旬麦冬分枝期，施用专用肥总量的 60％，其余 40％在块根膨大盛花期（10 月下旬至 11 月中旬）以叶面肥方式施用。

十一、杜仲施肥技术

1. 杜仲营养特性与施肥原则

杜仲对土壤要求不甚严格，以土层深厚，土质肥沃，质地疏松，排水良好的中性、微酸性或微碱性土壤为好。

2. 杜仲施肥

选用土质疏松、湿润、肥沃，排水良好的地块，育苗前对圃地进行深翻细耕，清除杂草，施足基肥，每亩施用商品有机肥 150 千克，同时，每亩施熟石灰 10～15 千克，进行土壤消毒，杀死地下害虫，然后将地细整，作成 1 米宽的苗畦。

追肥：幼林期于每年春夏季中耕除草后，根据土壤肥力情况，酌情追施适量的速效化肥，要按照少量多次，先少后多的原则，即萌芽前至 6 月底施肥主要以氮肥、复混肥为主，7～8 月施肥主要以磷钾肥为主，可适当加施多元微肥，9～10 月主要施农家肥、商品有机肥。

十二、菊花施肥技术

1. 菊花营养特性与施肥原则

菊花根系发达，入土较深而且细根多，吸肥力强，是一种喜肥的花卉植物。在栽种菊花以及菊花处于成长期、花期的时候，都需要施肥。栽种时用基肥，幼苗期主要用氮肥，花期主要用磷肥和钾肥。基肥可以直接混合在土壤中，成长期使用的肥料需要注意稀释，施在土壤的表面；施肥的频率不能太高，半个月 1 次；肥料用量不能太大。需注意菊花处在休眠期时不要施肥。

2. 菊花施肥

（1）基肥。结合耕地每亩施农家肥 5 000 千克，移栽菊苗时每亩再施商品有机肥 400 千克。

（2）追肥。催苗肥：在底肥不足的情况下，可在移栽成活后每亩施商品有机肥 200 千克。分枝孕蕾肥：开始分枝时每亩用 1 000 千克农家肥掺入 25 千克过磷酸钙并结合培土施入。现蕾肥：现蕾时，每亩用 5 千克尿素、10 千克过磷酸钙混施，并用磷酸二氢钾喷施 3 次，

7～10 天 1 次。越冬期作为来年菊苗的苗圃地，在花枝枯萎时离地面 1 厘米左右将其割掉，每亩施用农家肥 2 000 千克。

十三、烟草施肥技术

1. 烟草营养特性与施肥原则

以烤烟为例，每形成 100 千克的烟叶需氮（N）2～3 千克，磷（P_2O_5）0.6～1 千克，钾（K_2O）4～6 千克，吸收氮（N）、磷（P_2O_5）、钾（K_2O）的比例约为 1∶（0.3～0.5）∶（2～3）。与其他作物相比，烟草对钾有特别高的要求，在轮作中应把有限的钾肥重点施于烟草上。不同类型的烟草对氮、磷、钾的吸收量差异较大，总体上，白肋烟吸收养分最多，烤烟次之，晒烟最少。

氮素对烟叶的产量与品质影响最大，氮素不足，烟叶产量低，烟碱含量明显降低，香气和品位差，劲头不足；而氮素过量，叶色浓绿，烤后外观色泽暗淡，烟碱含量高而碳水化合物含量低，刺激性和劲头过大，杂气重，香味差，同时产量也会下降。磷对烟叶质量的影响很大，缺磷时烤后叶色暗淡，缺乏香气，还原糖和烟碱含量低，品质不佳。过量施磷，烟叶主脉变粗，叶片组织粗糙，油分少，品质低劣。钾素营养对改善烟草品质作用十分显著，可以说钾对烟草品质的作用比对产量的影响还重要。烤烟燃烧时间长短有 80％～95％可以通过烟叶中钾、氮和氯的含量变化来描述。烟草施肥，氮、磷、钾要合理配比，有机与无机相结合，硝态氮与铵态氮相结合，基肥与追肥相结合，地下与地上相结合，大量元素和中、微量元素相结合。

2. 烟草施肥

（1）苗床施肥。基肥以农家肥料为主，其用量一般每标准畦（10 米×1 米）50～100 千克，加氮、磷、钾 45％（硫基 15-15-15）复合肥 1.5～2.0 千克；如复合肥不足，可在施用 100 千克农家肥基础上，再施用 3.0～4.0 千克商品有机肥及 2.0～3.0 千克过磷酸钙。肥料施用时应将畦面土起出7～8厘米，与肥料掺和均匀。

（2）大田施肥。应用养分平衡施肥技术，对土壤耕层有效氮含量高于60毫克/千克的田块，施氮（N）量为每亩2～3千克；土壤有效氮含量40～60毫克/千克的田块，施氮（N）量为每亩3～4千克；土壤有效氮含量低于40毫克/千克的田块，每亩施氮（N）0.25～0.35千克。磷、钾用量除可根据需肥比例推算外，还可根据土壤有效磷含量，速效钾含量直接确定。一般当土壤有效磷含量低于10毫克/千克，可施磷（P_2O_5）5～7.5千克/亩；土壤速效磷含量高于10毫克/千克，可施磷2.5～5千克/亩。在速效钾含量较高（高于100毫克/千克）的土壤中，氮钾比例可按1：1，若速效钾含量低，氮钾比例则提高到1：（2～3）。氮、磷、钾肥的施用量及比例还应根据烟草类型、土壤类型和气候条件进行调整。与烤烟相比，白肋烟需氮较多，而晒烟需氮较少，因此白肋烟氮肥的施用量应加大，而晒烟氮肥的施用量可减少。在北方烟区氮素的适宜用量一般为每亩3.5～4.5千克，而南方烟区，由于烟草生长季节降雨较多，氮肥淋失严重，利用率低，相应地要提高氮肥用量。适产优质烟每亩氮肥用量可高达10千克。同一地区也应根据不同年份的降雨情况进行肥料用量增减。此外，当前茬为玉米、棉花时，因土壤残留的有效氮高，种植烟时氮肥的用量可相应地减少，而前茬作物为甘薯时，后作烟草可增加氮肥的用量。

十四、花卉施肥技术

1. 花卉营养特性与施肥原则

花卉种类繁多，对养分的需求受花卉种类及品种、同一花卉的不同生育期，以及观赏价值所影响，其需肥规律主要表现在：

花卉需肥量大，吸肥能力强，但不同种类花卉的需肥量有较大的差异。花卉根系发达，伸长点活跃，吸肥强度大，一般花卉植物吸收氮为2％～5％、磷为0.3％～0.5％，钾比氮要少，钙、镁更少。同时也需吸收一定量的微量元素，但种类不同，体内含量也有差异。比如天竺葵、菊花体内的正常生长需硼量分别为 0.003%～0.028%、0.002 5%～0.02%，而玫瑰、杜鹃、一品红则分别为 0.003%～0.006%、0.017%～0.01%、0.003%～0.01%。

同一种类花卉因品种不同，对养分需求也各异。如菊花莲座型的粗种可以多施肥料，而管瓣细种或单平瓣型的则应少施肥。就同一品种而言，不同生育期需肥差异较大。幼苗期吸收量少，需肥量也少；中期茎叶大量生长，开花初期需肥量最大，开花后期吸收逐渐减少，需肥也少。一般花卉生长前期及早供氮，是获得优质花的关键；花芽分化后对磷的需求迫切，体内含磷水平明显增加，所以应重视磷肥的施用。

（1）施用的有机肥一定要在施用前充分发酵、腐熟，做到无毒无臭，不污染环境，因为花卉以观赏为主，环境清新十分重要。

（2）不要长期单纯施用化肥，最好是有机肥与化肥间隔施用，这样不仅对花卉生长有利，又不至于使花卉土壤板结。

（3）严格掌握施肥量，一定要勤施少施。

（4）施用液肥时，一定不要溅到叶片上，特别是给草本观叶花卉追肥时更应细心，最好在追肥后叶面喷一次清水。

2. 花卉施肥

花卉施肥与其他植物相比有两个明显特点：一是对肥料质量要求高，所用肥料应养分全面，有机肥必须经过除臭除毒；二是施肥方式多样化。

（1）基肥。一般以肥效长，营养全面的有机肥为主，结合耕地施入土中。盆栽花卉，一般在花上盆或换盆时，把肥料与土充分混匀，基肥的施用量应占总施肥量的 50%～60%，其中氮肥 30%，有机肥、磷肥、钾肥 70%～80%基施。微肥根据土壤肥力状况而定，对于微量元素含量较缺的土壤，应基施 80%～100%，如果土壤中微量元素含量丰富，可在花卉生长期内适当喷施。

（2）种肥。种肥可采取浸种、拌种、蘸根等方式施用。种肥的施用一定要掌握好用量和浓度，应选择 pH 适中的肥料，防止烧苗现象出现。

（3）追肥。追肥一般在花卉营养临界期和最大效率期施用，生长期过长的花卉应分次追施。追肥应占总施肥量的 40%～50%，其中氮肥占 70%左右，磷、钾肥占 20%～30%。氮、磷、钾化肥作追肥浇施浓度应掌握在 0.1%～0.5%为宜，追肥结合灌水效果较佳。

（4）叶面追肥。叶面喷施常用肥料的浓度：尿素 0.5%～2%，磷酸二氢钾 0.3%～0.6%，硫酸亚铁 0.2%～0.5%，硼砂 0.1%～0.2%，硫酸锌 0.2%～0.5%。

（5）露地花卉施肥。露地生长花卉受天气影响较大，在生长前期养分主要由基肥供给，中、后期则由追肥供给。氮肥一部分靠有机肥供给，一部分靠追施氮肥来补充，磷肥作基肥，钾肥 60%～70%基施。

（6）盆栽花卉施肥。盆栽花卉用土有两种，一种是农业自然土壤，一种是人工土壤。若用自然耕作土壤，只需补施氮、磷、钾即可；若采用人工土装盆，除需氮、磷、钾外，还应供给中、微量元素。盆栽花卉施肥以可控释缓效颗粒肥为佳。

（7）温室花卉施肥。温室施肥根据花卉必要养分的最小限度进行施用，目的是减少盐类的积累。应选择肥效周期长、副成分低、残留量少、浓度障碍出现小的肥料，如磷酸铵、硝酸铵、硝酸钾等。在条件允许的情况下，最好采用灌溉的方式进行施肥。另外，温室花卉一定要注意 CO_2 气肥的施用。

十五、草坪施肥技术

1. 草坪营养特性与施肥原则

合理施肥是维持草坪正常增长颜色、密度与活力的重要措施。草坪同其他植物一样，正常生长所必需的 16 种营养元素，除 C、H、O

主要来自空气和水外，其他的都主要靠土壤和肥料提供。

2. 草坪施肥

草坪施肥应根据草坪草种、生长状况及土壤养分状况确定施肥种类、数量和时期。为了满足生长中对各种营养元素的需求，应坚持平衡施肥的原则。

（1）肥料用量：草坪氮肥用量不宜过大，否则会引起草坪徒长并使草坪抵抗环境胁迫的能力降低。一般高养护水平的草坪年施氮量每亩为30～50千克，低养护水平的草坪年施氮量每亩为4千克左右。磷（P_2O_5）施肥量，一般养护水平的草坪每亩为3～9千克，高养护水平的草坪每亩为6～12千克，新建草坪每亩用量可加大到9～15千克；钾（K_2O）施用量，新建草坪每亩为3～15千克，其他草坪每亩为3～9千克，对禾本科草坪草而言，一般氮、磷、钾比例宜为（3～5）∶（2～4）∶（2～3）。

（2）施肥时期：一般情况下，暖季型草坪在一个生长季节可施肥2～3次，初春施肥有利于草坪早发，春末夏初是最重要的施肥时期，夏天根据草坪长势，出现缺绿症状时也应施少量肥料。有些地区暖季型草坪冬季不休眠，可在秋季施一次缓效肥料，以利于其安全越冬，不能让草坪因缺肥而缺绿。冷季型草坪草施肥时间是在晚夏、晚秋，对于高养护水平的草坪最好在春季进行第三次施肥。

（3）施肥方法：草坪施肥均匀是关键，施肥不均匀，会破坏草坪的均一性，肥多处草生长快，颜色深而草面高出；肥少处色浅草弱；无肥处草稀，色枯黄；大量肥料聚集处，出现"烧草"现象，形成秃斑，降低草坪质量和使用价值。因此，均匀施肥对草坪来说显得尤为重要。

根据肥料的形态和草坪草的需肥特性，草坪施肥方法通常分喷施、撒施和点施。一般大面积草坪采用机械施肥，小面积草坪可采用人工施肥，人工撒施肥料一定要均匀，通常是横向撒施一半、纵向撒施一半。施用液体肥料一定要掌握好施肥浓度。固体肥料用量较少时，应用沙或细干土拌肥，目的是使肥料撒施更均匀。

十六、鱼虾肥水技术

1. 鱼虾肥水特性与施肥原则

这里说的鱼，主要是花白鲢（鲢子鱼）和鳙鱼（胖头鱼），它们以藻类等浮游生物为食物，通过施用肥料来养殖浮游生物。这里说的虾，主要是小龙虾，小龙虾在稚虾期间主要以藻类等浮游生物为食物，通过施用肥料来养殖浮游生物。鱼虾肥水施肥原则是：高氮，低磷，几乎不需要钾。目前国家禁止在湖泊水库肥水养殖鱼虾，因而鱼虾肥水仅限于精养鱼池或者稻田。

2. 肥水养鱼

（1）选择品种及含量。用于养鱼的氮肥有尿素、碳酸氢铵、硫酸铵和氯化铵，氯化铵效果最好；磷肥有过磷酸钙和磷酸一铵。生产中常常使用二者混合的掺混专用肥料，氮磷比为 1：0.5，氮磷浓度 20%～40% 不等。适当施用优质有机肥，能更好、更全面供给肥分，补充化肥中没有的微量元素和有机质，但用量不宜太多，每亩 10～20 千克，每半月施 1 次，并要和化肥错开施用。

（2）合理施肥量。在施肥初期或水质清瘦的情况下，一般以每立方米水体 5 克氮计算氮肥施用量。比如，每亩水面水深 2 米，第一次需施氯化铵 25 千克和过磷酸钙 25 千克。经过几次施肥后，水体透明度达到 20 厘米左右时，再采取减少用量或者增加间隔时间施肥的方法，使透明度保持在这一水平。其追肥量为前期的 1/4～1/2，甚至更少。

（3）注意事项。一是调节好水质。pH7.5～7.8 时有利于浮游生物繁殖，化肥利用率最高。二是保持适宜的钙质浓度。钙元素对提高水体初级生产力起着重要作用，每亩水面施 10～15 千克生石灰，保持水中氮、磷、钙的合理比值，可显著提高化肥利用率和鱼类生长速度。三是合理确定施肥时间。夏季晴天施肥时间以上午 8：00～9：00 为好，让施入水中的化肥在较长时间的光照下，被浮游植物充分吸收利用，减少微生物活动的脱氮损失。四是长期阴雨天应及时补施化肥。

3. 肥水养虾

（1）产品含量及特点。优质的稚虾专用肥料一般含氮、磷、钾 20％～35％，氮、磷、钾比例 1：0.5：0.25，含有机质 15％～40％，同时含有钙、铁、锌等元素和微生物菌剂。有六大特点：一是提供小龙虾所需营养元素、氨基酸、腐殖质等成分，促进小龙虾生长、发育、脱壳；二是促进着生藻类和丝装藻类等食用藻类、水草、水生植物、水生昆虫等生长，供给小龙虾食用；三是调节池水土壤 pH，分解毒素污染，净化水质；四是抑制青苔及有害藻类生长繁殖，防止水体变色变味；五是提高小龙虾的虾青素含量，增强抗病、抗寒、抗高温能力；六是不含畜禽粪便，使用绝对安全。

（2）用法用量。根据小龙虾生长水质情况，因地制宜掌握用量，推荐每亩每次 10 千克左右，均匀撒入虾池。

第五章 土壤性质及改良

一、土壤及形成

　　土壤是覆盖在地球表面且能生长绿色植物的疏松物质层。土壤是由矿物质、有机物质、水、空气和生物组成的，具有肥力，能够生长植物的未固结层。在自然条件下，土壤是由裸露在地表的岩石，在漫长的地质年代中，经过风化过程和成土过程，经历了岩石→母质→土壤的过程。在水、温度、空气等一系列物理的、化学的和生物的作用下，岩石逐渐崩裂，形成小的颗粒，改变了原有的成分、性质，即岩石的风化。这些风化物有的原地堆积成为残积物，有的随流水、风力等作用运到别处堆积成坡积物或冲积物，统称为土壤母质。土壤是在生物、气候、母质、地形地貌和时间五大因素综合作用下形成的，特别是在生物作用下，使水、养分、气、热等肥力条件比母质更为完备和完善。

　　土壤是由固相、液相、气相三形态物质组成的疏松多孔的复杂自然体。固相部分包括矿物、有机质以及土壤生物三部分，其体积约占土壤总体积的一半左右。在固相中，占重量95％以上的是矿物质；占重量5％的有机质和生物，紧紧包裹在矿质土粒的表面，好似土壤的"肌肉"一样。土壤液相部分指的是土壤水分，实际上是极其稀薄的土壤溶液，它被保持并运动于土壤孔隙中，是三相物质中最活跃的部分。就好似土壤的"血液"一样，起着输送养料的作用。土壤气相部分指的是土壤空气，它充满了未被水分占据的土壤孔隙，其成分包括来自大气中的氮气（N_2）、氧气（O_2）和部分来自土壤中的二氧化碳（CO_2）气体和水气（H_2O）。在温度、气压、风、降水或灌溉等因素作用下，土壤排出二氧化碳。土壤总是吸进新鲜的空气，排出二氧化碳，好似土壤在"呼吸"。由于这种"呼吸作用"，使土壤空气得到不断更新，以适宜农作物生长。

二、土壤矿物质与养分

作为土壤"骨骼"的大小不等的矿物质颗粒，是由原生矿物和次生矿物组成，是岩石矿物在多种自然因素（水、二氧化碳、温度、氧气、生物等）作用下，经过长期风化过程逐渐形成的，这些碎屑有的残留于原地，有的经过风、流水等各种外力作用搬运、沉积，所形成的固体土粒称为土壤矿物质。土壤矿物质的化学成分较为复杂，几乎包括了地球上所有的元素，与农业生产关系较为密切的元素仅为 21 种，它们是：氧（O）、硅（Si）、铝（Al）、铁（Fe）、钙（Ca）、钾（K）、钠（Na）、镁（Mg）、钛（Ti）、磷（P）、硫（S）、氯（Cl）、锰（Mn）、硼（B）、锌（Zn）、铜（Cu）、钼（Mo）、钴（Co）、碘（I）、硒（Se）和氟（F）。其中，以氧、硅、铝、铁、钙、钾、钠、镁 8 种元素含量最大，占总量的 97% 以上。土壤矿物质是土壤的主要组成部分，是构成土壤的基础物质，土壤的物理、化学以及生物学特性都与其密切相关，对土壤有着深刻的影响。它是土壤的主体，好比土壤的"骨骼"，起着为植物根系提供扎根场所、支持植物地上部分不倒伏、提供植物矿质养分的作用。

我国土壤养分的含量，各地差异很大。氮素含量一般为 0.04%～0.26%，磷素为 0.02%～0.3%，钾素为 0.1%～3.0%。从微量元素看，随着生产水平的提高，越来越引起人们的重视。各地实践证明，某种土壤中若缺乏微量元素，即使在大量元素充足的情况下，也会明显地影响作物生长，甚至造成严重减产。

根据大量分析资料，我国耕地土壤中有机质和氮素含量以东北黑土最高,华南、长江流域的水稻土次之,而以华北平原、黄土高原土壤和黄淮海地区土壤为最低。凡是有机质含量较多的土壤,含氮量也高。我国耕地土壤有机质和全氮含量均较低,所以各地施用氮肥都有增产效果。

我国土壤含磷量很不一致。华南砖红壤因风化程度强烈,土壤多呈弱酸性反应,是我国土壤平均含磷量最低的地区。华北黑土和白浆土含磷量一般较高,但白浆土往往在 10 厘米以下,全磷量剧烈下降,所以在东北地区施磷肥也有增产效果。大体上来说,我国土壤含磷量从南到北有逐渐增加的趋势,从东到西也有一些增高。根据相关分析,估计我国约有 1/3 耕地土壤缺磷。南方土壤普遍缺磷,北方也有很多地区施用磷肥有明显的增产效果。

我国耕地土壤含钾量差异很大。雷州半岛、海南岛与广东、福建沿海分布的砖红壤含钾量很低;长江中、下游的低产田供钾水平低,钾肥有明显的增产效果。华北平原潮土和西北黄土含钾量均较高,但在砂质土壤中,钾对玉米、甘薯、棉花、甜菜均表现有一定的效果。东北黑土钾的含量一般较高,钾肥对春小麦、谷子的效果均不显著。我国主要土类中,钾素分布总的趋势是:由北向南、由西向东,各种形态的钾素含量均趋下降,说明我国东南部地区缺钾较严重,西北地区较轻。

我国主要土壤中量元素和微量元素含量变幅很大,其主要原因是由于土壤本身含量低,或是植物难以吸收利用的缘故。一般中量元素南方丰富,北方较低;微量元素南方缺硼、锌、钼面积大,北方缺锌、铁、锰、铜面积较大。湖北省与全国土壤六项养分指标平均值见表 5-1,土壤各种营养元素丰缺指标参见第六章植物营养学与测土配方施肥。

表 5-1　湖北省与全国土壤六项养分指标平均值

主要养分	湖北省平均值	全国平均值
有机质(克/千克)	23.2	25.1
全氮(克/千克)	1.32	1.48
碱解氮(毫克/千克)	110	121

（续）

主要养分	湖北省平均值	全国平均值
有效磷（毫克/千克）	13.3	27.5
速效钾（毫克/千克）	105	121.4
pH	6.4	6.68

三、土壤有机质

土壤有机质是指存在于土壤中的所含碳的有机物质总和。它包括各种动植物残体、微生物体及其能分解和合成的各种有机质。土壤有机质是土壤固相部分的重要组成成分。土壤有机质可分为腐殖质和非腐殖质。土壤中有机质的来源十分广泛，微生物是土壤有机质的最早来源。土壤有机质含量是耕地质量的核心。按照农业农村部的规定：土壤有机质≤6克/千克，不认定为耕地。土壤有机质的含量与土壤肥力水平呈正相关，是土壤肥力第一重要因子。

土壤有机质作用：（1）土壤有机质是植物营养的主要来源之一，包括自身含有的植物营养以及分解的土壤养分；（2）促进植物生长发育；（3）改善土壤的物理性质；（4）促进微生物和土壤动物的活动；（5）提高土壤的保肥性和缓冲性；（6）分解土壤有毒、有害物质。

有机质矿化与补充：土壤因矿化和分解作用会消耗土壤有机质，每年每亩最少应向土壤施入300千克有机质，否则耕地就会退化。

四、土壤微生物

土壤微生物是指肉眼看不见的微小生物，是指生活在土壤中的细菌、真菌、放线菌、藻类四类的总称。它数量多、繁殖快，土壤微生物其个体以微米或毫微米来计算。通常1克土壤中有几亿到几百亿个，1克土壤中微生物种类以万计算。它们在土壤中进行氧化、消化、氨化、固氮、硫化等过程，促进土壤有机质的分解和养分的转化。土壤生物是土壤中生命活动最旺盛的生物，庞大微生物群落对土壤有机质分解与合成起着十分重要的作用。

土壤微生物的作用包括：（1）参与土壤形成；（2）促进养分转化；（3）提供土壤热能；（4）刺激植物生长，抑制病原菌发育；（5）产生多种土壤酶，影响土壤肥力；（6）裂解化学毒素。

五、土壤酸碱性与 pH

土壤酸碱度一般用 pH 表示，pH 值越小，酸性越强；pH 值越大，碱性越强。土壤酸碱度对土壤肥力及植物生长影响很大，酸性土壤病害加剧，中性土壤中磷有效性大，碱性土壤中微量元素有效性差。绝大多数农作物都喜欢在中性（6.5～7.5）土壤中生长，在 pH 值低于6.0 的微酸性土壤中就会造成作物减产，而在 pH 值低于 5.0 的酸性土壤中就会大幅度减产，在 pH 值低于 4.0 的强酸性土壤中甚至会绝收。

六、土壤质地与容重

土壤质地指土壤中不同大小直径的矿物颗粒的组合状况，称为砂土、壤土、黏土。土壤质地是土壤重要物理性质和肥力特征之一。我国一般按照卡庆斯基制分三类 6 级（表 5-2）。

表 5-2　土壤质地分类及鉴别

质地名称	砂土类		壤土类			黏土类
	砂土	壤砂土	轻壤土	中壤土	重壤土	黏土
＞0.01毫米（%）	＞90	80～90	70～80	55～70	40～55	＜40
＜0.01毫米（%）	＜10	10～20	20～30	30～45	45～60	＞60

（续）

质地名称	砂土类		壤土类			黏土类
	砂土	壤砂土	轻壤土	中壤土	重壤土	黏土
湿水时性状鉴别	搓不成球	可搓成球，但不能成条	可搓成条，但拿起成断裂纹	土条可拿起，但弯曲成圆圈时有裂痕	土条弯成圆圈无裂痕，压扁时有裂痕	弯成圆圈压扁时仍无裂痕

土壤容重，即单位体积烘干土壤的重量，通常以克/厘米^3 表示。

土壤容重的大小反映了土壤的松紧度。我国多数土壤容重为 1.0～1.5 克/厘米^3，变幅在 0.9～1.8 克/厘米^3，对多数作物来说，要获得高产，其耕层土壤容重以 1.0～1.3 克/厘米^3 比较好。

七、土壤水分与湿度

土壤水分是植物生长所必需的土壤肥力因素。水分对植物养分有两方面作用：一方面可加速肥料的溶解和有机肥料的矿化，促进养分的释放；另一方面稀释土壤中养分浓度，并加速养分的流失，所以雨天不宜施肥；反之，如雨水不足，必然影响植物生长，对禾谷类作物还会影响分蘖，从而影响产量。

土壤含水量，可用土壤含水量占烘干土重的百分数表示。

土壤含水量（％）＝水分重/烘干土重×100

根据土壤水分含量，在野外将土壤湿度分为四类 7 级：以手试之，有明显凉感为干；稍凉而不觉湿润为稍润；明显湿润，可压成各种形状而无湿痕为润；用手挤压时无水浸出，而有湿痕为潮；用手挤压，渍水出现为湿；可以流动为重湿；淹水状态为极湿。

土壤湿度是土壤的干湿程度，即土壤的实际含水量。土壤湿度可用土壤含水量占烘干土重的百分数表示。

土壤湿度（％）＝水分重/烘干土重×100

而土壤相对湿度是指土壤含水量与田间持水量的百分比，或相对于饱和含水量的百分比，用相对含水量表示。土壤相对湿度（R）干旱等级指标，可以分为五级：

60％＜R 为无旱；50＜R≤60 为轻度干旱；40＜R≤50 为中度干旱；30＜R≤40 为重度干旱；R≤30 为特别重度干旱。

八、土壤结构与孔隙度

土壤结构就是土壤固体颗粒的空间排列方式。自然界土壤往往形成大小不同、形态各异的团聚体，这些团聚体或颗粒就是各种土壤结构。根据土壤的结构形状和大小可归纳为块状、核状、柱状、片状、微团聚体及单粒结构等。土壤结构状况对土壤肥力高低、微生物活动以及耕性等都有很大影响。人为活动将很大程度上破坏土壤结构。

土壤孔隙度是指土壤中孔隙占土壤总体积的百分率。空隙关系着土壤透水性、透气性、导热性和紧实度。不同类型土壤孔隙度是不同的。黏土结构紧密，孔隙度较小；砂土结构松散，孔隙度较大；团粒构造的土壤，孔隙度约为 39％～46％。

九、土壤颜色与理化性质

土壤颜色是土壤内在物质组成外在色彩的表现。由于土壤的矿物组成和化学组成不同，所以土壤的颜色是多种多样的。通常在鉴别土壤层次和土壤分类时，土壤颜色是非常明显的特征。定名土壤颜色，往往要用两种颜色来表示，如棕色，有暗棕、黑棕、红棕等之分。这样定名，前面的字是形容词，是指次要的颜色，而后面的字是指主要的颜色。

决定土壤的颜色主要有以下几种物质：一是腐殖质，含量多时，使土壤颜色呈黑色；含量少时，使土壤颜色呈暗灰色。二是氧化铁，土壤中氧化铁（如褐铁矿、针铁矿等）多，使土壤呈铁锈色和黄色。三是晶体岩石（如石英、斜长石、方解石、高岭石、二氧化硅粉末、碳酸钙粉末等），能使土壤呈白色。四是氧化亚铁，广泛出现在沼泽土、潜育土中，可使土壤呈蓝色或青灰色，如蓝铁矿，这类矿物为白色，但遇空气中的氧会很快变为青灰色。

土壤的物理性状不同，也会使土色有所差别。例如，土壤愈湿，颜色愈深；土壤愈细，颜色愈浅；光线愈暗，颜色愈深。

1. 土壤反应

土壤反应直接影响了土壤微生物的活动。土壤有机质的转化，一般都在接近中性的环境中通过微生物的参与来完成。矿质养分的转化，大多受土壤酸碱反应的影响，例如磷在 pH6.5～7.5 时有效性最大，过酸过碱都会引起磷的固定，降低其有效性。在酸性土壤中磷酸可与铁、铝化合形成难溶性的磷酸铁和磷酸铝。在石灰性土壤中，与碳酸钙作用，形成难溶解的磷酸钙，均可降低磷酸的有效性，使作物难以得到必需的磷素营养。土壤反应对土壤结构有很大影响。碱性土壤中，交换性钠增加，致使土粒分散，结构破坏。在酸性土壤中，导致黏土矿物分解，养分淋失，也使结构破坏。只有在中性土壤中，团聚体较多，土壤的结构性好，通气性也好。土壤反应对植物生长也有一定影响，不同种类的植物，适应酸碱的范围不同。有些作物对酸碱反应很敏感，如甜菜、红三叶等，要求中性和微碱性的土壤条件，而芝麻、荞麦等则适应能力强，在很宽的 pH 范围内都能生长良好。

2. 土壤氧化还原（Eh）

土壤中存在着许多氧化和还原物质。因此，在土壤中进行的化学和生物学过程中，经常进行着氧化还原反应。在一个氧化还原体系中，氧化物质所产生的氧化电位和还原物质所产生的还原电位的平衡值，即氧化还原电位，它是土壤通气状况的重要标志之一。氧化还原电位值高，则土壤通气良好；反之，则土壤通气不良。通常把氧化还原电位值 300 毫伏作为土壤氧化还原的界限，大于此值的土壤中氧化过程占优势，小于此值的土壤中还原过程占优势。比如，旱地土壤与水田的氧化还原电位差别很大。旱地土壤在良好的排水条件下，其

Eh 值一般在 200 毫伏以上，而多数则变化在 300～400 毫伏以至 600～700 毫伏之间。水田的 Eh 值往往低于 200 毫伏，长期淹水的水稻土则可以低至负值。

Eh 值过高、过低均对植物生长不利。当 Eh 值大于 700 毫伏时，土壤通气性太强，土壤处在完全好气的氧化状态，有机物质迅速分解，大量养分被损失。同时有些养分如铁、锰等元素，完全以高价化合物状态存在，成为不溶性化合物沉淀于土壤中，作物不能吸收。当 Eh 值低于 200 毫伏时，铁、锰化合物呈还原态，土壤溶液中亚铁数量增多，甚至可以高到危害作物生长的程度。当 Eh 值由正值降到负值后，在某些土壤中可能出现硫化氢，对作物产生毒害。

十、土壤分类

第二次土壤普查，湖北省耕地土壤主要有 9 个土类，水稻土占 50.35％，潮土占 19.03％，黄棕壤占 14.54％，黄褐土占 4.75％，石灰土占 3.54％，红壤占 3.47％，黄壤占 1.63％，紫色土占 1.34％，棕壤占 0.70％，还有 0.65％的其他土类。第二次土壤普查表明，全省耕地面积 2 000 亩以上有 202 个土种，包括 77 个土属，21 个亚类。

1. 水稻土

水稻土土类是在蓄水耕作条件下长期种植水稻形成的一类土壤。在全省分布最广，面积最大，是主产稻谷的耕作土壤。水稻土的两大要素：一是种植水稻，当季或者上一季；二是曾经种过水稻，但当季或上季没有种植水稻，但是土壤剖面有犁底层（P 层或者 Ap 层）。

水稻土按水型又划分为淹育水稻土、潴育水稻土、潜育水稻土和漂洗（侧渗）水稻土 4 个亚类：淹育水稻土，土壤剖面分层 A—W（Ap—W）—C；潴育水稻土，土壤剖面分层 A—P—W—C；潜育水稻土，土壤剖面分层 A—P—G—W—C；漂洗水稻土，土壤剖面分层 A—P—E—W—C。

2. 潮土

潮土土类主要是江河流水中夹带大量泥砂在中、下游地区长时期的淤积或沉积形成的，是全省面积最大，分布最集中的旱耕地土壤。潮土主要分布在长江、汉江及各支流水域的平原地带，沿河一带也有分布。

全省平均每年江、河流水所夹带的泥砂量 70 000 万吨左右，这是形成全省潮土物质的主要来源，而且流水中的泥砂遵循砂漫淤的规律。离河床近的地方，沉积物多为砂砾石或卵石等；流速减慢，则沉积物就是泥砂，流速越慢，沉积物颗粒就越细，并逐渐以泥为主，这样就形成了一种极为明显的不同质地层次的土壤构型。在河流之间的低洼地是洪水、地表水的汇集处，因此在长期的静态水沉积作用下形成了湖积物。由于江、河发源地和流经的地区不同，流水中所夹带泥砂也因其母质来源不同而存在种种差别。形成湖北潮土的沉积物一般有 3 种类型：一是来源于西部为主，具石灰性反应的沉积物；二是来自西北部，具石灰性反应的沉积物；三是来自北部、东北部，不具石灰性反应的河流冲积物。

湖北省潮土划分为 3 个亚类：灰潮土亚类、潮土亚类和湿潮土亚类：灰潮土有石灰反应，碱性强，pH7.5 以上；潮土无石灰反应，中性或酸性，pH7.5 以下；湿潮土滩涂，地下水位过高。

3. 黄棕壤

黄棕壤土类是全省亚热带温带过渡地带湿润气候条件下发育的土壤，是湖北省面积最大的地带性土壤，占全省旱耕地面积 1/3 左右，主要分布在长江以北低山丘陵地区，以鄂中、鄂北、鄂东为主，鄂西少量。黄棕壤的主要成土母质有第四纪黏土、砂页岩、花岗岩、花岗片麻岩和安山岩等风化物。

黄棕壤包括黄棕壤、黄棕壤性土和暗黄棕壤 3 个亚类：黄棕壤为酸性母岩发育，偏酸；黄棕壤性土为中性母岩发育，或发育早期，偏中性；暗黄棕壤为山地黄棕壤，海拔800~1 500米。

4. 黄褐土

黄褐土是黄棕壤向褐土过渡的一类土壤，是在含石灰性坡积物母质或第四纪黏土上发育起来的。气温高，降水少，蒸发量多于降水量，半干旱半湿润气候，土壤淋溶作用，铝的积聚等比黄棕壤弱，质地黏重。

黄褐土包括黄褐土、白浆化黄褐土和黄褐性土3个亚类，仅黄褐土亚类耕地面积大。

5. 石灰土

石灰土是在碳酸盐岩类风化物上初步发育的土壤，含有碳酸盐岩。分布在鄂西南、鄂西北和鄂北广大丘陵山区。土壤普遍呈不同程度的石灰反应，酸碱度中性至微碱性，绝大部分土层较薄，泥少砾石多，土壤质地黏重，耕作困难，宜种性窄。

石灰土分黑色石灰土、棕色石灰土、黄色石灰土和红色石灰土4个亚类。其颜色越深，光照越少，土温越低，土层越肥厚。

6. 红壤

红壤是在强烈的风化淋溶作用和温热、干湿交替频繁的条件下逐步形成的。红壤土壤剖面层次发育明显，一般可划分为耕作层（淋溶层）、淀积层（心土层）和母质层。典型特征且有黏化土层。红壤位于长江以南，地处我国红壤地带北缘。

红壤分棕红壤、黄红壤、红壤性土3个亚类。棕红壤分布于海拔500米以下的低山丘陵；黄红壤位于海拔500~800米中山的中下部，淋溶弱；红壤性土分布于红壤地区，红壤受严重侵蚀。

7. 黄壤

黄壤是鄂西南山地主要耕地土壤之一，地处红壤区上部，海拔

700～1 200米，形成的气候条件与红壤区很相近。热量较红壤区低，但降雨多、雾天多、湿度大。

黄壤分黄壤、黄壤性土两个亚类。黄壤又叫山地黄壤，主要分布在中山的中下部，土层较厚。黄壤性土跟其他类型土形成原因类似，地形陡峻，侵蚀严重。

8. 紫色土

紫色土是在紫色岩类风化壳上初步发育成的土壤。

根据紫色土风化作用强弱程度不同，分为酸性紫色土、中性紫色土和灰紫色土3个亚类。酸性紫色土 pH6.5 以下，风化淋溶作用较强，主要分布恩施土家族苗族自治州各县（市）。中性紫色土风化淋溶作用中等，土壤中性，主要分布在宜昌、荆门、孝感、襄阳等地。灰紫色土面积最大，分布在宜昌、十堰、襄阳、荆门、恩施等地，风化淋溶作用弱，剖面 A—C，土壤 pH7.8 以上。

9. 棕壤

棕壤分布于鄂西、鄂北、鄂东北的中山顶部至亚高山上部，海拔1 500～2 500米，风化不强，淋溶作用强，盐基流失，土壤酸性。

棕壤分为酸性棕壤和棕壤性土两个亚类，只酸性棕壤有耕地，且多已退耕还林。

十一、土壤肥力调查

土壤肥力是指土壤满足植物所需水分、养分、空气和热量的能力，是土壤本身的一种属性，其中水分、养分和空气是物质基础，热量是能量条件，它们是同等重要和不可替代的。土壤肥力的高低，一方面受自然因素的影响；另一方面受人类生产活动的影响，在这些因素影响下，土壤肥力可以不断提高，也可能会降低。土壤肥力是土壤生产力的基础，为了提高土壤的生产力（即提高植物产量），应重视土壤肥力的研究和施肥。

土壤调查是野外研究土壤的一种基本方法，它以土壤地理学理论为指导，通过对土壤剖面形态及其周围环境的观察、描述记载和综合分析比较，对土壤的发生演变、分类分布、肥力变化和利用改良状况进行研究、判断，对一定地区的土壤类别及其成分因素进行实地勘查、描述、分类和制图，是认识和研究土壤的一项基础工作和手段。通过调查了解土壤的一般形态、形成和演变过程，查明土壤类型及其分布规律，查清土壤资源的数量和质量，为研究土壤发生分类，合理规划、利用、改良、保护和管理土壤资源提供科学依据（表 5-3）。

表 5-3 土壤采样调查表

样点编号		采样地点		县市区 乡镇 村 组	
种植大户		大户电话		采样人电话	
东经（°′″）		北纬（°′″）		海拔高度（米）	
土地类型 （水田旱地园地林地）		地貌类型 （平原丘陵山区）		地形部位 （山顶坡中河谷平地）	
坡向（朝向）		坡度（°）		年降水量（毫米）	
≥0℃积温（℃）		≥10℃积温（℃）		成土母质	
土壤类型		土壤亚类		土层厚度（厘米）	
耕层厚度 （厘米）		土壤质地 （砂壤黏）		土壤容重 （克/厘米^3）	
土壤障碍因素 （瘠薄酸碱砂黏）		障碍层 （夹沙潜育）		障碍层厚度（厘米）	
土壤剖面层次 （A-B-C，A-P-W-C）		剖面土体构型 （紧—松，松—紧）		地下水位深 （厘米）	
灌溉方式		灌溉能力		排水能力	
有机质 （克/千克）		全氮 （克/千克）		碱解氮 （毫克/千克）	
有效磷 （毫克/千克）		速效钾 （毫克/千克）		缓效钾 （毫克/千克）	

（续）

样点编号		采样地点	县市区 乡镇 村 组	
土壤 pH		有效硼 （毫克/千克）	有效锌 （毫克/千克）	
有效钼 （毫克/千克）		有效铁 （毫克/千克）	有效锰 （毫克/千克）	
有效铜 （毫克/千克）		有效硫 （毫克/千克）	有效硅 （毫克/千克）	
交换性钙 （厘摩尔/千克）		交换性镁 （厘摩尔/千克）		
土壤镉 （毫克/千克）		土壤铅 （毫克/千克）	土壤铬 （毫克/千克）	
土壤砷 （毫克/千克）		土壤汞 （毫克/千克）	其他污染	
耕作制度 （稻麦两熟等）		第一季或 主产作物品种	产量（千克/亩）	
第二季作物		产量（千克/亩）	套作作物	
全年秸秆还田 （千克/亩）		全年施有机肥 （千克/亩）	一季（主）作物施氮肥 （N，千克/亩）	
一季（主）作物施磷肥 （P_2O_5，千克/亩）		一季（主）作物施钾肥 （K_2O，千克/亩）	一季（主）作物施复合肥 （纯量，千克/亩）	
二季作物施氮肥 （N，千克/亩）		二季作物施磷肥 （P_2O_5，千克/亩）	二季作物施钾肥 （K_2O，千克/亩）	
二季作物施复合肥 （纯量，千克/亩）				

注：尿素 N46%，磷酸一铵 N11%-$P_2O_5$44%，氯化钾 K_2O 60%，硫酸钾 K_2O 50%，复合肥 N15%-$P_2O_5$15%-K_2O 15%或者 N16%-$P_2O_5$16%-K_2O 16%。

采样人签字： 调查与采样时间： 年 月 日

十二、中低产土壤障碍及改良技术

土壤障碍因素，又叫中低产田障碍，指土壤中妨碍农作物正常生长发育，对农产品产量或品质造成不良影响的因素。按农业农村部土壤障碍划分标准，土壤障碍因素划分为八大类：冷浸潜育型、干旱灌溉型、坡地梯改型、瘠薄培肥型、障碍层次型、渍涝排水型、酸化污染型、盐碱耕地型。其特点与改良措施如下：

1. 冷浸潜育型及改良

主要分布在平原、湖区或河谷冲沟低洼水田。由于季节性洪水泛滥及局部地形低洼，排水不良，以及土质黏重，耕作制度不当引起的滞水潜育现象，需要加以改造的水害型稻田，重点是冲垄冷浸田、落河田和低湖田。

改良主攻方向是排水和降低地下水位，改良的措施是：开沟改善排灌，做到排灌分家，明暗结合。达到大水排得去，山浸水撇得开，暗水滤得出，冷水提得高，毒水不进田，过水不串田。一是通过田间排灌工程，在平原湖区采取明沟排水、冲沟山谷明暗结合排水，完善田间斗渠以下灌水沟渠管道、小型排灌设施，修缮田间节制闸等。二是通过田间道路工程和田间附属工程，完善田间道路、田间机耕路和田间桥涵等配套设施。

2. 干旱灌溉型及改良

主要分布在山区坡耕地。由于降雨量不足或季节性分配不合理，缺乏必要的调蓄水工程，以及由于地形、土壤原因造成的保水蓄水能力很差等原因。

作物生长季节不能满足作物正常水分需要，同时又具备水资源开发条件，可以通过发展灌溉加以改造的耕地，其主导障碍因素为干旱缺水。改良主攻方向是，改善灌溉条件，主要包括扩大和开发水源工程，完善和配套田间渠道工程。

3. 坡地梯改型及改良

主要分布在山区坡耕地。由于地面坡度大，水土流失严重，只能通过修筑梯田、梯埂等田间水保工程加以改良治理的坡耕地，其主导障碍因素为土壤侵蚀。

改良的主攻方向是实行坡地沟垄耕作或修筑梯田、梯埂。以坡改梯、提高灌溉保证率为主攻方向。一是通过土地平整工程，平整土地，改坡地为梯田，修筑田埂。二是通过小型水源工程，新建和完善集雨蓄水池和塘坝等设施。三是通过生物防护工程，建设农田防护林网，种植经济植物篱等。

4. 瘠薄培肥型及改良

广泛分布在各种耕地。由于成土母质的影响以及长期耕作不当，引起耕层土壤板结，耕层浅薄，土壤缺素贫瘠，理化性状不良等障碍因素的中低产土壤。

能通过深耕、培肥、改革耕作制度逐步加以改良。一是测土配方施肥，二是通过秸秆还田，增施有机肥和种植油菜绿肥。

5. 障碍层次型及改良

零星分布在各地。土壤剖面构型有严重缺陷的耕地，1米以内的土体内有夹砂、夹黏、夹砾石、过沙、过黏等障碍层次。

可通过深耕翻动，打破障碍层等改良措施，开展因土种植、因土耕作等方法，逐步提高土壤肥力和作物单产。一是通过土地平整工程，调整田形、平整土地、修复田埂、耕层客土等。二是种植绿肥，增施有机肥和化肥。三是有条件的地方，进行沙黏相掺，或人工挑压，或引洪漫淤。

6. 渍涝排水型及改良

主要分布在平原、湖区或河谷冲沟低洼耕地。因局部地势低洼，排水不畅，造成常年或季节性渍涝的旱地，其主导障碍因素为土壤渍涝。

改良主攻方向是降低地下水位。一是通过田间排灌工程，在平原湖区采取明沟排水、冲沟山谷明暗结合排水，完善田间斗渠以下灌水沟渠管道、小型排灌设施，修缮田间节制闸等。二是通过田间道路工程和田间附属工程，完善田间道路、田间机耕路和田间桥涵等配套设施。

7. 酸化污染型及改良

酸化污染型包括土壤酸化、重金属污染、土壤连作障碍等，由长期高产量、连作、施肥过量等原因造成。中国南方尤其严重。

（1）土壤酸化治理技术

绝大多数农作物都喜欢在中性（6.5～7.5）土壤中生长，在 pH 值低于 6.0 的微酸性土壤中就会造成作物减产，而在 pH 值低于 5.0 的酸性土壤中就会大幅度减产，在 pH 值低于 4.0 的强酸性土壤中甚至会绝收。一般 pH 值小于 6.0，土壤就开始酸化。

治理土壤酸化的常规方法：施用石灰。一般亩施熟石灰 100 千克，水稻增产 16.07%，玉米增产 15.23%。湖北省多年试验，认为 pH5.0 以上的耕地，在秋收后，结合冬耕亩施石灰 100 千克为宜；pH5.0 以下的耕地，亩施石灰 150 千克为宜。一般在土壤翻耕前撒施，伴随翻耕与土壤混匀；也有在水稻分蘖期撒施（防治病虫害）的习惯。

酸性土壤调理剂（调酸肥料）技术。钙镁磷肥、硅肥等碱性肥料是调酸肥料。酸性土壤调理剂没有国家标准，鱼目混杂。要掌握两个关键点：一是 pH 值要高（石灰 pH11～12），至少 8.5 以上；二要有一定的施用量，50 千克以上最好。

（2）土壤重金属污染修复技术

土壤重金属污染主要是指土壤镉、砷、铬、汞、铅等含量超过标准值，一般与土壤酸化相伴。

土壤重金属污染修复主要措施是施用土壤调理肥料。包括：酸性土壤调理剂、有机肥、调理微生物等。其中酸性土壤调理剂：pH8.5 以上，提高土壤碱性，矿化重金属；有机肥：有机质含量 40% 以上，中和土壤酸性，吸附重金属；调理微生物：加速调节土壤酸性，吸附重金属。用量 100 千克/亩以上。

土壤重金属污染植物固化技术：主要是叶面喷施水溶性硅肥，硅酸钠、硅酸钾含 SiO_2 20%～50%，同时含钾或者钠；碱性，pH8.5以上。作用：固化水稻植株体内重金属，减少流向稻米。降低稻米重金属含量 20% 以上。叶面喷施，用量 50 克/亩以上。

（3）土壤连作障碍防治技术

土壤连作障碍又叫土传病害、重茬病。随着作物日趋高产重肥，重茬病的四大原因和症状及应对：一是土壤酸化——施用调理剂进行调理；二是有毒分泌物大量累积——施用优势微生物分解；三是有害微生物迅猛繁殖——施用抗性微生物杀灭；四是特定中、微量元素极度缺乏——施用中微量元素肥料及时补充。

8. 盐碱耕地型及改良

盐碱土是盐土和碱土的总称。盐土主要指含氯化物或硫酸盐较高的盐渍化土壤，土壤呈碱性，但 pH 值不一定很高。碱土是指含碳酸盐或重磷酸盐的土壤，pH 值较高，土壤呈碱性。盐碱土的有机质含量少，土壤肥力低，理化性状差，对作物有害的阴、阳离子多，作物不易促苗。我国盐碱耕地为 9 913 万公顷，主要分布在北方缺水地区。

盐碱地的改良方法如下：一是洗盐。洗盐就是把水灌到盐碱地里，使土壤盐分溶解，通过下渗把表土层中的可溶性盐碱排到深层土中或淋洗出去，侧渗入排水沟加以排除。二是平整土地，深耕深翻。三是适时耙地。耙地可疏松表土，截断土壤毛细管水向地表输送盐分，起到防止返盐的作用。耙地要适时，要浅春耕，抢伏耕，早秋耕，耕干不耕湿。四是增施有机肥，合理施用化肥。有机肥经微生物分解、转化形成腐殖质，能提高土壤的缓冲能力，并可和碳酸钠作用形成腐殖酸钠，降低土壤碱性。

第六章　植物营养学与测土配方施肥

　　植物营养是指植物从外界环境中吸取其生长发育所需要的物质和能量，以构成其细胞组成成分和进行各种代谢，并用以维持其生命活动的过程。在农业生产中，由于土壤的养分不断被作物吸收，肥力会逐渐下降，施肥便成为提高作物产量的一个重要手段。植物营养是施肥的理论基础，合理施肥应按照植物营养的原理和作物营养特性，结合气候、土壤和栽培技术等因素综合考虑，从而找出合理施肥的理论及技术措施，以便指导生产、发展生产。

一、植物必需营养元素学说

1. 什么是植物必需营养元素

　　一般新鲜植物中含有 75％～95％ 的水分和 5％～25％ 的干物质。将其烘干即得干物质，其中包括有机物和无机物。植物体内的营养元素种类很多，不同的植物中现已发现的有 60 种以上，但这些不一定是植物必需的。

　　按照高等植物必需营养元素理论，所谓植物必需营养元素应同时具备 3 个条件：

　　（1）该元素都是植物正常生长和生殖所不可缺少的，没有它植物不能完成生命周期（生命周期就是一个种子发芽生长，再结出更多种子的过程）。

　　（2）该元素对植物都具有直接的营养生理功能，在植物体内起什么作用必须搞清楚说明白。

（3）植物缺少该元素则会出现专一的缺素症状，唯有补充后才能恢复或预防，不能用别的元素代替。

2. 必需营养元素及其分类

按照作物必需营养元素理论，经过 100 多年的大量研究试验，已经确定的植物生长发育必需的营养元素共有 16 种，它们是：碳（C）、氢（H）、氧（O）、氮（N）、磷（P）、钾（K）、钙（Ca）、镁（Mg）、硫（S）、铁（Fe）、铜（Cu）、硼（B）、钼（Mo）、锌（Zn）、锰（Mn）、氯（Cl）。植物对 16 种必需营养元素的需要量相差很大，一般分三类：

（1）大量元素：包括碳（C）、氢（H）、氧（O）、氮（N）、磷（P）、钾（K）6 种元素。其中碳、氢、氧 3 种元素非常丰富（空气中的 CO_2 和 H_2O），不需要补充。而氮、磷、钾 3 种元素植物需要量很多，土壤中缺乏，所以常年、每季作物都需要进行补充，故称为"肥料三要素"。

（2）中量元素：包括钙（Ca）、镁（Mg）、硫（S）3 种元素。钙、镁、硫 3 种元素在中国南方土壤中一般含量比较丰富。

（3）微量元素：包括硼（B）、锌（Zn）、钼（Mo）、铁（Fe）、锰（Mn）、铜（Cu）、氯（Cl）7 种元素。其中硼、锌、钼 3 种元素南方土壤比较缺乏，需要补充。锌、铁、铜北方土壤缺乏一些。氯元素因为植物需要量少，而土壤常常含量比较多，有时会出现中毒症状。

另外，对于水稻、小麦、玉米、大麦、高粱、燕麦、荞麦、粟米等禾本科植物，硅（Si）也是营养元素，禾本科植物确定有 17 种必需营养元素。

3. 16 种营养元素在植物体内的含量

大量元素碳（C）、氢（H）、氧（O）合计约 95%；

大量元素氮（N）、磷（P）、钾（K）合计约 3%；

中量元素钙（Ca）、镁（Mg）、硫（S）合计约1.5％；

微量元素硼（B）、锌（Zn）、钼（Mo）、铁（Fe）、锰（Mn）、铜（Cu）、氯（Cl）合计约0.5％。

二、营养元素基本功能与缺素中毒症状

1. 氮元素

氮元素是植物体内蛋白质、核酸、叶绿素、植物酶、维生素、生物碱和植物激素的组成部分。概括起来，氮元素是长叶子的。

植物缺氮往往表现为生长缓慢，植株矮小，叶片薄而小，叶色淡甚至发黄。缺氮植株自下向上叶片逐步黄化。

氮元素过量，植物叶片肥厚，颜色浓绿发青，植株容易倒伏，植物贪青迟熟。

2. 磷元素

磷元素是核酸、核蛋白、磷脂、植素、三磷酸腺苷（ATP）和含磷酶等组成部分，磷参与作物代谢，促进细胞分裂、根系发育，增强吸水功能，提高植物抗旱、盐、寒等能力。概括起来，磷元素是长根的，管吸收的。

植物缺磷根系发育不良，地上部分生长缓慢，茎叶生长不好，叶色深绿，发暗无光泽，下部叶片和茎部呈紫红色，自下向上叶片枯死而脱落。

3. 钾元素

钾元素促进体内酶系统活化，促进光合作用，促进体内运输，吸收利用水，提高抗旱、涝、寒、病、倒等能力。概括起来，钾元素是长茎秆的，起支撑作用的。钾还是农产品品质元素。

植物缺钾从老叶尖端和边缘开始发黄、枯萎，叶面出现小斑点，进而干枯或呈焦枯状，干枯以下部老叶逐渐向上扩展。缺钾极易生病倒伏。

4. 钙元素

钙元素影响体内碳水化合物和含氮物质的代谢作用。能消除铵、氢、铝、钠等离子对作物的毒害作用，因钙主要是呈果胶酸钙的形态存在于细胞壁的中层，能增加对病虫害的抵抗力。

缺钙时，植株呈凋萎状，严重时，根尖及茎分生组织细胞逐渐腐烂坏死，水果裂果。

5. 镁元素

镁元素是叶绿素和植酸盐的组成成分，能促进磷酸酶和葡萄糖活化，有利于单糖的转化，在碳水化合物代谢过程中起着很重要的作用。

缺镁时不能形成叶绿素，光合作用无法进行。一般性缺镁，作物叶色褪淡，脉间失绿。

6. 硫元素

硫元素是构成蛋白质和酶的主要成分。维生素 B_1 分子中的硫对促进植物根系有良好的作用，硫还参与氧化还原作用。

缺硫时植株呈现淡绿色，开花和成熟期延迟，结果少。

7. 硼元素

硼元素对细胞组织的形成有作用，参与碳水化合物的合成代谢，促进养分的吸收运输，是生殖生长的重要元素。概括起来，硼是管开花结果的。

植物缺硼根系发育不良，主茎纵向开裂，植株矮小，侧枝丛生，新叶萎缩或不出，蕾、花、果发育不正常，油菜"花而不实"、棉花"蕾而不花"。

硼元素中毒，植物叶边发黄枯死，俗称"金边"。

8. 锌元素

锌元素参与生长素的合成以及某些酶系统的活化，促进光合作用，是许多酶、蛋白质的组成部分。

植物缺锌生长受抑制，叶片脉间失绿、变白，叶片不能正常展开、畸形，出现"小叶病"、"缩苗"症状。

9. 钼元素

钼元素是硝酸还原酶的成分。钼能显著提高根瘤菌和固氮菌的固氮能力，缺钼时植株矮小，叶片失绿，枯萎至坏死。豆科作物缺钼时，根瘤几乎不能形成。

10. 铁元素

铁元素是叶绿素形成不可缺少的，铁直接或间接地参与叶绿体蛋白质的形成。作物体内许多呼吸酶都含有铁，铁能促进作物的呼吸，加速生理的氧化。

缺铁时幼嫩叶片上出现失绿症状。由黄转向焦褐斑，最后整个叶片黄化脱落。铁素过多，叶尖及边缘发黄枯焦，并出现褐斑。

11. 铜元素

铜元素是各种氧化酶活化基的核心元素，在催化作物体内氧化还原反应方面起着重要作用。铜能促进叶绿素的形成。

缺铜时叶片易缺绿，根系发育不良，结实少、小。

12. 锰元素

锰元素是酶的活化剂，与作物光合作用、呼吸作用以及硝酸还原作用都有密切的关系，故能促进作物种子的萌发、幼苗的生长及花粉管的伸长。

缺锰时叶脉间出现失绿，严重时呈现褐色小斑点，继续成条状，根系纤细。但锰过多时，叶缘及叶尖发黄焦枯，并带有褐色坏死斑点。

13. 氯元素

氯元素是植物必需的微量元素，虽然必需但是需求量很少，而且植物对氯非常敏感，过量就会产生毒害。按照作物对氯元素的敏感程度，划分为强忌氯作物、弱忌氯作物和不忌氯作物。部分化肥中氯元素含量很高，故而施肥时一定要回避忌氯作物。

（1）强忌氯作物：烟草、马铃薯、甘薯、甘蔗、甜菜、苹果、茶叶等。

（2）弱忌氯作物：西瓜、葡萄、柑橘、白菜、辣椒、莴笋、苋菜、茄子、番茄、豆科等。

（3）不忌氯作物：水稻、小麦、玉米、棉花、油菜等。

植物氯离子中毒，苗期根发霉、烂根，中后期植株枯死。

14. 硅元素

硅元素的生理功能和作用：①抗倒伏，使茎叶硬度增强，茎秆直，抗倒伏能力提高 80%。②抗病虫，减少危害。③抗干旱，降低叶面蒸腾作用。④促进光合作用。⑤通气性增强，促进根系生长发育。⑥促进养分有效利用。⑦硅能减少磷在土壤中的固定，活化土壤中的磷。⑧硅肥能调节土壤，消除酸化及重金属污染。⑨硅是品质元素。

三、植物营养学基本定律

180 年来，植物营养与肥料科学以其鲜明的针对性、广泛的实用性、系统的科学性和极显著的经济效益、社会效益而蓬勃发展，成为门类齐全、分支众多的综合性应用科学。

1. 同等重要律

对农作物来讲，不论大量元素或微量元素，都是同样重要缺一不可的，即缺少某一种微量元素，尽管它的需要量很少，仍会影响某种生理功能而导致减产，如玉米缺锌导致植株矮小而出现花白苗，水稻苗期缺锌造成僵苗，棉花缺硼使得蕾而不化。微量元素与大量元素同等重要，不能因为需要量少而忽略。

2. 不可代替律

作物需要的各营养元素，在作物体内都有一定功效，相互之间不能替代。如缺磷不能用氮代替，缺钾不能用氮、磷配合代替。缺少什么营养元素，就必须施用含有该元素的肥料进行补充。

3. 最小养分律

作物生长发育需要吸收各种养分，但严重影响作物生长，限制作物产量的是土壤中那种相对含量最小的养分，也就是最缺的那种养分（最小养分）。如果忽视这个最小养分，即使继续增加其他养分，作物产量也难以再提高。只有增加最小养分的量，产量才能相应提高。经济合理的施肥方案，是将作物所缺的各种养分同时按作物所需比例相应提高，作物才会高产，俗称"水桶理论"。

4. 养分归还学说

作物产量形成过程中有 $40\% \sim 80\%$ 的养分来自土壤，但不能把土壤看作一个取之不尽、用之不竭的"养分库"。为保证土壤有足够的养分供应，保持土壤养分输出与输入间的平衡，必须通过施肥这一措施来实现。依靠施肥，可以把作物吸收的养分"归还"土壤，确保土壤养分的供应能力。

5. 报酬递减律

从一定土地上所得的报酬，随着向该土地投入的劳动和资本量的增大而有所增加，但达到一定水平后，随着投入的单位劳动和资本量的增加，报酬的增加却在逐步减少。当施肥量超过适量时，作物产量与施肥量之间的关系就不再是曲线模式，而呈抛物线模式了，单位施肥量的增产会呈递减趋势。

6. 因子综合作用律

作物产量高低是由影响作物生长发育诸因子综合作用的结果，但其中必有一个起主导作用的限制因子，产量在一定程度上受该限制因子的制约。为了充分发挥肥料的增产作用和提高肥料的经济效益，一方面，施肥措施必须与其他农业技术措施密切配合，发挥生产体系的综合功能；另一方面，各种养分之间的配合作用，也是提高肥效不可忽视的一个问题。

7. 植物营养临界期

植物营养临界期是指营养元素过多或过少或营养元素间不平衡，对于植物生长发育起着显著不良的影响，并且由此造成的损失，即使在以后补施肥料也很难纠正和弥补。大多数作物磷的临界期在幼苗期。小粒种子更为明显，因为种子中贮存的磷已近于用完，而此时根系很小，和土壤的接触面少，吸收能力也比较弱。

有效磷通常含量不高且移动性差，所以作物幼苗期需磷迫切。例如棉花磷的临界期在出苗后 $10\sim20$ 天，玉米在出苗后 7 天左右（三叶期）。幼苗期正是由种子营养转向土壤营养的转折时期，用少量速效性磷肥作种肥，常常能收到极其明显的效果。

作物氮的临界期则比磷稍后，通常在营养生长转向生殖生长的时期。例如冬小麦在分蘖和幼穗分化期，此时如缺氮则分蘖少，花数少，生长后期补施氮肥只能增加茎叶中氮素含量，对增加籽粒数和产量已不起太大作用。玉米若在穗分化期缺氮，表现穗小、花少，造成减产。

作物钾营养临界期问题，目前研究资料较少，因为钾在作物体内流动性大，再利用能力强，一般不易从形态上表现出来。据日本资料，正常生长含钾量须在 2.0% 以上。水稻缺钾在分蘖初期至幼穗形成期。分蘖期如茎秆含K_2O量在 1.5% 以下，分蘖缓慢；1.0% 以下则分蘖停止。幼穗形成期如含K_2O量在 1.0% 以下，则每穗粒数减少。

8. 植物营养最大效率期

植物营养最大效率期是指植物需要养分的绝对数量和相对数量都大，吸收速度快，肥料的作用最大，增产效率最高的时期，它同植物临界期同是施肥的关键时期。植物营养最大效率期，大多是在生长中期。此时植物生长旺盛，从外部形态看生长迅速，对施肥的反应最明显。例如玉米氮素最大效率期在喇叭口至抽雄初期，小麦在拔节至抽穗期，油菜在花期，即"菜浇花"。另外，各种营养元素的最大效率期也不一致。据报道，甘薯生长初期氮素营养效果较好，而在块根膨大时则磷、钾营养效果较好。

植物对养分的要求虽有其阶段性和关键时期，但还需注意植物吸收养分的连续性。任何一种植物，除了营养临界期和最大效率期外，在各个生育阶段中适当供给足够的养分也是必须的。忽视植物吸收养分的连续性，植物的生长和产量也会受到影响。因此，重视不同植物施肥的各个环节，才能为其丰产创造良好的营养条件，得到较高的产量。

四、测土配方施肥技术

测土配方施肥是以养分归还（补偿）学说、最小养分律、同等重要律、不可代替律、肥料效应报酬递减律和因子综合作用律等为理论依据，以确定作物施肥总量和配比。为了发挥肥料的最大增产效益，必须将选用良种、肥水管理、种植密度、耕作制度和气候变化等影响肥效的诸因素结合，形成一套完整的施肥技术体系。

测土配方施肥以土壤测试和肥料田间试验为基础，根据作物需肥规律、土壤供肥性能和肥料效应，在合理施用有机肥的基础上，提出氮、磷、钾及中、微量元素等肥料的施用数量、施肥时期和施用方法。通俗地讲，就是在农业科技人员指导下科学施用配方肥。测土配方施肥技术的核心是调节和解决作物需肥与土壤供肥之间的矛盾，同时有针对性地补充作物所需的营养元素，作物缺什么元素就补充什么元素，需要多少补多少，实现各种养分平衡供应，满足作物的需要，达到提高肥料利用率和减少肥料用量，提高作物产量，改善农产品品质，节省劳力，节支增收的目的。

测土配方施肥技术包括"测土、配方、配肥、供应、施肥指导"五个核心环节、九项重点内容。

1. 田间试验

田间试验是获得各种作物最佳施肥量、施肥时期、施肥方法的根本途径，也是筛选、验证土壤养分测试技术、建立施肥指标体系的基本环节。通过田间试验，掌握各个施肥单元不同作物优化施肥量，基、追肥分配比例，施肥时期和施肥方法；摸清土壤养分校正系数、土壤供肥量、农作物需肥参数和肥料利用率等基本参数；构建作物施肥模型，为施肥分区和肥料配方提供依据。

2. 土壤测试

土壤测试是制定肥料配方的重要依据之一，随着我国种植业结构的不断调整，高产作物品种不断涌现，施肥结构和数量发生了很大的变化，土壤养分库也发生了明显改变。通过开展土壤氮、磷、钾及中、微量元素养分测试，了解土壤供肥能力状况。

3. 配方设计

肥料配方设计是测土配方施肥工作的核心。通过总结田间试验、土壤养分数据等，划分不同区域施肥分区；同时，根据气候、地貌、土壤、耕作制度等相似性和差异性，结合专家经验，提出不同作物的施肥配方。

4. 试验校正

为保证肥料配方的准确性，最大限度地减少配方肥料批量生产和大面积应用的风险，在每个施肥分区单元设置配方施肥、农户习惯施肥、空白施肥3个处理，以当地主要作物及其主栽品种为研究对象，对比配方施肥的增产效果，校验施肥参数，验证并完善肥料配方，改进测土配方施肥技术参数。

5. 配方生产

配方落实到农户田间是提高和普及测土配方施肥技术的最关键环节。目前不同地区有不同的模式，其中最主要的也是最具有市场前景的运作模式就是市场化运作、工厂化加工、网络化经营。这种模式适应我国农村农民科技素质低、土地经营规模小、技物分离的现状。

6. 示范推广

为促进测土配方施肥技术能够落实到田间，既要解决测土配方施肥技术市场化运作的难题，又要让广大农民亲眼看到实际效果，这是限制测土配方施肥技术推广的"瓶颈"。建立测土配方施肥示范区，为农民创建窗口，树立样板，全面展示测土配方施肥技术效果，是推广前要做的工作。推广"一袋子肥"模式，将测土配方施肥技术物化成产品，也有利于打破技术推广"最后一公里"的"坚冰"。

7. 宣传培训

测土配方施肥技术宣传培训是提高农民科学施肥意识、普及技术的重要手段。农民是测土配方施肥技术的最终使用者，迫切需要向农民传授科学施肥方法和模式；同时还要加强对各级技术人员、肥料生产企业、肥料经销商的系统培训，逐步建立技术人员和肥料商持证上岗制度。

8. 效果评价

农民是测土配方施肥技术的最终执行者和落实者，也是最终受益者。检验测土配方施肥的实际效果，及时获得农民的反馈信息，不断完善管理体系、技术体系和服务体系。同时，为科学地评价测土配方施肥的实际效果，必须对一定的区域进行动态调查。

9. 技术创新

技术创新是保证测土配方施肥工作长效性的科技支撑。重点开展田间试验方法、土壤养分测试技术、肥料配制方法、数据处理方法等方面的创新研究工作，不断提升测土配方施肥技术水平。

五、土壤养分丰缺指标及施肥配方

1. 土壤检测标准及方法

（1）pH。土壤检测　第 2 部分：NY/T 1121.2—2006 土壤 pH 的测定。

（2）有机质。土壤检测　第 6 部分：NY/T 1121.6—2006 土壤有机质的测定。

（3）全氮。NY/T 53—1987 土壤全氮测定法（半微量开氏法）。

（4）碱解氮。LY/T 1229—1999 森林土壤水解性氮的测定。

（5）有效磷。土壤检测　第 7 部分：NY/T 1121.7—2006 土壤有效磷的测定。

（6）速效钾。NY/T 889—2004 土壤速效钾和缓效钾的测定。

（7）有效钙、镁。土壤检测　第 13 部分：NY/T 1121.13—2006 土壤交换性钙和镁的测定。

（8）有效硫。土壤检测　第 14 部分：NY/T 1121.14—2006 土壤有效硫的测定。

（9）有效硅。土壤检测 第 15 部分：NY/T 1121.15—2006 土壤有效硅的测定。

（10）有效硼。土壤检测 第 8 部分：NY/T 1121.8—2006 土壤有效硼的测定。

（11）有效锌、锰、铁、铜。NY/T 890—2004 土壤有效态锌、锰、铁、铜含量的测定 二乙三胺五乙酸（DTPA）浸提法。

（12）有效钼。土壤检测 第 9 部分：NY/T 1121.9—2006 土壤有效钼的测定。

2. 土壤常规六项养分丰缺指标

参见表 6-1。

表 6-1 耕地地力及养分等级划分标准

养分	极低	低	略低	中等	丰富	极丰富
有机质 （克/千克）	<6.0	6.0～10.0	10～20.0	20～30.0	30～40.0	>40.0
全氮（N） （克/千克）	<0.50	0.50～0.75	0.75～1.00	1.00～1.50	1.50～2.00	>2.00
碱解氮（N） （毫克/千克）	<30	30～60	60～90	90～120	120～150	>150
有效磷（P_2O_5） （毫克/千克）	<3.0	3.0～5.0	5.0～10.0	10～20.0	20～40	>40
速效钾（K_2O） （毫克/千克）	<30	30.0～50.0	50～100	100～150	150～200	>200
酸碱度		过酸	偏酸	适宜	过碱	
pH 值		<5.50	5.50～6.50	6.50～7.50	>7.50	

3. 土壤中微量元素丰缺指标

参见表 6-2。

表 6-2 土壤中量元素、微量元素有效含量丰缺指标

元素 （毫克/千克）	很低	低	中	高	很高
交换钙（Ca）	<240	240～480	480～720	>720	
交换镁（Mg）	<60	60～120	120～180	>180	
有效硫（S）	<15	15～30	30～40	>40	
有效硼（B）	<0.25	0.25～0.5	0.5～1.0	1.0～2.0	>2.0
有效锌（Zn）	<0.5	0.5～1.0	1.0～2.0	2.0～4.0	>4.0
有效钼（Mo）	<0.10	0.10～0.15	0.15～0.20	0.20～0.30	>0.30
有效铁（Fe）	<2.5	2.5～4.5	4.5～10.0	10.0～20.0	>20.0
有效铜（Cu）	<0.1	0.1～0.2	0.2～1.0	1.0～2.0	>2.0
有效锰（Mn）	<5.0	5.0～10.0	10.0～20.0	20.0～30.0	>30.0

4. 测土施肥的配方设计原则

我国测土配方施肥的配方运筹设计原则，正由"缺乏性施肥原则"向"需求性施肥原则"转化。

（1）缺乏性施肥原则： 缺乏性施肥原则就是土壤缺什么元素，就施什么元素肥料；土壤缺多少含量，就施多少肥料。缺乏性施肥原则主要是在化肥发展初期，化肥稀缺，供不应求，化肥不够用的时候。"好钢用在刀刃上"。

（2）需求性施肥原则： 需求性施肥原则就是作物需要什么元素，就施什么元素肥料；需要多少养分，就施多少肥料。而基本不考虑土壤养分含量，让它库存着。需求性施肥原则主要是在化肥发展后期，化肥供应充分，需要多少就施多少。

（3）各个元素肥料配方设计原则：氮肥：完全需求性施肥原则；磷肥、钾肥：缺乏性施肥与需求性施肥相结合原则；中量元素肥料、微量元素肥料：缺乏性施肥原则。

5. 主要农作物施肥配方

参见表 6-3。

表 6-3　主要农作物氮、磷、钾施肥配方（千克/亩）

作物	氮（N）			磷（P$_2$O$_5$）			钾（K$_2$O）		
	严重缺乏	缺乏	潜在缺乏	严重缺乏	缺乏	潜在缺乏	严重缺乏	缺乏	潜在缺乏
棉花	18.5	16.5	14.5	6.0	4.8	3.0	12.5	11.0	9.5
小麦	10.0	8.0	7.0	4.8	3.6	2.4	6.0	4.5	3.6
油菜	11.5	10.0	9.5	5.0	3.5	2.5	5.5	4.0	3.0
早稻	11.5	10.5	9.0	5.0	4.0	3.0	6.0	4.5	3.0
晚稻	12.0	11.0	10.0	4.0	3.0	2.0	7.5	6.0	4.5
中稻	13.0	11.5	10.5	5.0	4.0	3.0	7.5	6.0	4.5
青椒	20.0	18.0	16.0	9.5	8.0	6.5	15.0	13.0	11.0
番茄	22.5	20.5	18.5	9.5	8.0	6.5	16.5	14.5	12.5
黄瓜	19.5	17.5	15.5	9.7	8.2	6.7	15.5	13.5	11.5
豆角	15.0	13.0	11.0	7.5	6.0	5.0	13.0	11.0	9.0
竹叶菜	18.0	16.0	14.0	8.0	6.5	5.0	12.5	11.0	9.5

第七章　肥料分类及性质

一、肥料分类

肥料是指以提供植物养分为其主要功效的物料，其作用不仅是供给作物以养分，提高产量和品质，还可以培肥地力，改良土壤，是农业生产的物质基础。20世纪前，我国农田所施肥料主要类别是有机肥料，直到1904年开始采用化学肥料（硫酸铵）。

随着科学的进步、时代的发展，肥料品种日益繁多，但是对于肥料的分类目前还没有统一的方法，人们仅从不同的角度对肥料的种类加以区分，常见的方法有以下几种：

1. 按化学成分和性质

（1）有机肥料：指主要以含有机态碳元素为主的一类肥料，施入土壤以改良土壤、培肥地力为目的。如商品有机肥、秸秆直接还田、绿肥、农家肥等。

（2）无机肥料：指标明养分呈无机盐形式的肥料，由提取、物理和（或）化学等工业方法制成。如尿素、硫酸铵、碳酸氢铵、硫酸钾、磷酸一铵、磷酸二铵、过磷酸钙、氯化钾、硫酸镁、钙镁磷肥、硼砂、硫酸锌、硫酸锰等。有机无机复混肥料是指标明养分的有机和无机物质的产品，由有机和无机肥料混合和（或）化合制成，传统上归为化肥。硫磺、氰氨化钙、尿素及其缩缔合产品，骨粉过磷酸钙含有有机碳或者硫，习惯上归作无机肥料。

（3）微生物肥料：通过微生物菌剂施入土壤，达到活化土壤养分、改良土壤性质、促进植物生长发育、增强作物抗病能力等效果的一类微生物菌剂。

（4）土壤调理剂：具有调理土壤酸碱功能或修复土壤重金属污染功能的一类肥料。

（5）植物生长调节剂（非农药的部分）：具有调节作物生产功能的一类肥料。

2. 按含有养分数量

（1）单一肥料：氮、磷、钾3种养分中，仅具有一种养分标明量的氮肥、磷肥或钾肥的统称，如尿素、硫酸铵、碳酸氢铵、硫酸钾、过磷酸钙、氯化钾、硫酸镁、硼砂、硫酸锌、硫酸锰等。

（2）复混肥料：氮、磷、钾3种养分中，至少有两种养分标明量的由化学方法和（或）掺混方法制成的肥料，是复合肥料与混合肥料的总称。

（3）复合肥料：氮、磷、钾3种养分中，至少有两种养分标明量的仅由化学方法制成的肥料，如磷酸一铵、磷酸二铵、硝酸钾、磷酸二氢钾等。

（4）混合肥料（又叫掺混肥料）：是将两种或3种氮、磷、钾单一肥料，或用复合肥料与氮、磷、钾单一肥料其中的一到两种，通过机械混合的方法制取的肥料，可分为粉状混合肥料、粒状混合肥料和搀合肥料，如各种复混专用肥。

（5）配方肥料：是指利用测土配方技术，根据不同作物的营养需要、土壤养分含量及供肥特点，以各种单质化肥为原料，有针对性地添加适量中、微量元素或特定有机肥料，采用掺混或造粒工艺加工而成的，具有很强针对性和地域性的专用肥料。

3. 按肥效作用方式

（1）速效肥料：养分易为作物吸收、利用，肥效快的肥料，如硫酸铵、碳酸氢铵、过磷酸钙、重过磷酸钙、硫酸钾、氯化钾、硝酸铵、硝酸钾等。

（2）缓效肥料：养分在一段时间内缓慢释放，供植物持续吸收利用的肥料，包括缓溶性肥料、缓释性肥料。

缓溶性肥料：通过化学合成的方法，降低肥料的溶解度，以达到长效的目的。如尿甲醛、尿乙醛、聚磷酸盐等。

缓释性肥料：在水溶性颗粒肥料外面包上一层半透明或难溶性膜，使养分通过这一层膜缓慢释放出来，以达到长效的目的，如硫衣尿素、包裹尿素等。

4. 按肥料物理状况

（1）固体肥料：呈固体状态的肥料，如尿素、硫酸铵、过磷酸钙、钙镁磷肥、氯化钾、硫酸钾、硼砂、硫酸锌、硫酸锰等。

（2）液体肥料：悬浮肥料、溶液肥料和液氨肥料的总称，如液体水溶肥料、液氨、氨水等。

（3）气体肥料：常温、常压下呈气体状态的肥料，如二氧化碳。

5. 按作物对营养元素的需求

（1）必需营养元素肥料：包括大量元素肥料：是利用含有大量营养元素的物质制成的肥料，指氮肥、磷肥和钾肥；中量元素肥料：是利用含有中量营养元素的物质制成的肥料，常用的有镁肥、钙肥、硫肥；微量元素肥料：是利用含有微量营养元素的物质制成的肥料，常用的有硼肥、锌肥、钼肥、锰肥、铁肥和铜肥。

（2）有益营养元素肥料：是利用含有有益营养元素的物质制成的肥料，常用的是硅肥、硒肥、钠肥。

6. 按肥料的化学酸碱性质

（1）碱性肥料：化学性质呈碱性的肥料，如碳酸氢铵、钙镁磷肥。

（2）酸性肥料：化学性质呈酸性的肥料，如过磷酸钙、重过磷酸钙、硫酸铵、氯化铵、硝酸铵。

（3）中性肥料：化学性质呈中性或接近中性的肥料，如硫酸钾、氯化钾、尿素。

7. 按酸碱反应性质

（1）生理碱性肥料：养分经作物吸收利用后，残留部分导致生长介质酸度降低的肥料，如硝酸钠。

（2）生理酸性肥料：养分经作物吸收利用后，残留部分导致生长介质酸度提高的肥料，如氯化铵、硫酸铵、硫酸钾。

（3）生理中性肥料：养分经作物吸收利用后，无残留部分或残留部分基本不改变生长介质酸度的肥料，如硝酸铵。

二、化肥及养分含量

1. 常用氮磷钾化肥及养分含量

参见表 7-1。

表 7-1　常用氮、磷、钾化肥及养分含量

化肥类型	品种	养分含量（%）			
		总养分	氮（N）	磷（P_2O_5）	钾（K_2O）
氮肥	尿素	46	46		
	硫酸铵	21	21		
	氯化铵	25	25		
	碳酸氢铵	17	17		
	硝酸铵	35	35		
	硝酸钙	15	15		

（续）

化肥类型	品种	养分含量（%）			
		总养分	氮（N）	磷（P₂O₅）	钾（K₂O）
磷肥	普通过磷酸钙	12～18		12～18	
	重过磷酸钙	38～46		38～46	
	钙镁磷肥	12～18		12～18	
钾肥	硫酸钾	50			50
	氯化钾	60			60
	硫酸钾镁肥	21～30			21～30
复合肥料	磷酸一铵	55	11	44	
	磷酸二铵	64	18	46	
	硝酸磷肥	40	27	13	
	硝酸钾	59	13		46
	磷酸二氢钾	85		33	52
复混肥料	45%复混肥料	45	15	15	15
	48%复混肥料	48	16	16	16
	51%复混肥料	51	17	17	17

2. 主要中量元素肥料及养分含量

参见表 7-2。

表 7-2　主要中量元素肥料及养分含量

肥粪类型	品种	元素含量（%）	肥粪类型	品种	元素含量（%）
钙肥	钙镁磷肥	13	硫肥	硫酸铵	24
	生石灰（氧化钙）	60		七水硫酸镁	13
	碳酸钙粉	35		无水硫酸镁	20
镁肥	硫酸镁	17	硅肥	钙镁磷肥	20
	钙镁磷肥	12		硅酸钠	22
	氧化镁	50		硅肥	9

3. 主要微量元素肥料及养分含量

参见表 7-3。

表 7-3　主要微量元素肥料及养分含量

肥料类型	品种	元素含量（%）	肥料类型	品种	元素含量（%）
硼肥	硼砂	11	铁肥	七水硫酸亚铁	20
	五水硼砂	15		EDTA 铁（螯合铁）	13
	硼酸	17			
	聚合硼	20			
锌肥	七水硫酸锌	23	铜肥	五水硫酸铜	24
	一水硫酸锌	35		EDTA 铜（螯合铜）	15
	EDTA 锌（螯合锌）	15			
钼肥	钼酸铵	54	锰肥	一水硫酸锰	31
	钼酸钠	39		EDTA 锰（螯合锰）	13

4. 肥料含量与使用量的计算

（1）肥料施用养分量换算成实物量：

肥料实物使用量＝肥料施用纯养分量÷该肥料的养分含量

比如：每亩施用氮肥（N）20 千克，尿素含氮（N）46%。

每亩尿素施用量＝肥料纯养分施用量 20 千克÷尿素养分含量 46%＝每亩尿素施用量 43.5 千克

（2）肥料施用实物量换算成养分量：

肥料施用纯养分量＝肥料施用实物量×该肥料养分含量

比如：每亩施用磷酸一铵 30 千克，磷酸一铵含氮（N）11%、含磷（P_2O_5）44%。

每亩施用纯氮（N）＝磷酸一铵 30 千克×磷酸一铵含氮（N）11%＝每亩施用纯氮（N）3.3 千克

每亩施用纯磷（P_2O_5）＝磷酸一铵 30 千克×磷酸一铵含磷（P_2O_5）44%＝每亩施用纯氮（N）13.2 千克

三、有机肥料（商品有机肥）

有机肥料又叫商品有机肥、精制有机肥、工业有机肥，主要原料来源于畜禽粪便、动植物残体、农产品加工下脚料等农业废弃有机物，经工业化发酵腐熟的含碳有机肥料，其功能是改善土壤肥力、提供植物营养、提高作物品质。

有机肥料执行国家农业行业标准 NY/T 525—2021，分为粉状和颗粒两种类型。外观颜色为褐色或灰褐色，粒状或粉状，均匀，无恶臭，无机械杂质。

主要技术指标：有机质（以烘干基计）≥30%；氮磷钾总养分（$N＋P_2O_5＋K_2O$）（以烘干基计）≥4.0%；水分（H_2O，鲜样）≤30%；酸碱度（pH）5.5～8.5；种子发芽指数（GI）≥70%；机械杂质的质量分数≤0.5。

四、生物有机肥

生物有机肥指特定功能微生物与主要以畜禽粪便、动植物残体、农产品加工下脚料等农业废弃有机物为来源，并经工业方式无害化处理、腐熟的有机物料复合而成的一类兼具微生物肥料和有机肥效应的肥料。

生物有机肥，执行国家农业行业标准 NY 884—2012，分为粉状和颗粒两种类型。外观（感官）粉剂产品应松散、无恶臭味；颗粒产品应无明显机械杂质、大小均匀、无腐败味。

主要技术指标：有机质（以烘干基计）≥40%；有效活菌数≥

0.2亿/克；水分（鲜样）≤30％；酸碱度（pH）5.5～8.5；有效期≥6月。

五、有机—无机复混肥料

有机—无机复混肥料是以畜禽粪便、动植物残体、农产品加工下脚料等有机物料，经过发酵处理，添加无机肥料混合造粒制成。

有机—无机复混肥料，执行国家标准 GB 18877—2020，分为Ⅰ型和Ⅱ型两种型号。外观：颗粒状或条状产品，无机械杂质。

主要技术指标：

Ⅰ型，氮磷钾总养分（$N + P_2O_5 + K_2O$）≥15％，有机质≥20％。

Ⅱ型，氮磷钾总养分（$N + P_2O_5 + K_2O$）≥25％，有机质≥15％。

两种型号，水分（H_2O）≤12.0％；粒度（1.00～4.75毫米或3.35～5.60毫米）≥70％；酸碱度（pH）5.5～8.0；氯离子≤3.0％。

六、复合微生物肥料

复合微生物肥料指特定微生物与氮磷钾化肥（固体包括有机肥料）复合而成，能提供、保持或改善植物营养，提高农产品产量或改善农产品品质的活体微生物制品。

复合微生物肥料，执行国家农业行业标准 NY/T 798—2015，分为均匀的液体或固体两种类型。悬浮型液体产品应无大量沉淀，沉淀轻摇后分散均匀；粉状产品应松散；粒状产品应无明显机械杂质、大小均匀。

主要技术指标：

（1）液体，有效活菌数≥0.5亿/毫升，氮磷钾总养分（N＋

$P_2O_5+K_2O$) $6\%\sim20\%$，杂菌率$\leqslant15.0\%$，有效期$\geqslant3$月。

（2）固体，有效活菌数$\geqslant0.2$亿/克，氮磷钾总养分（$N+P_2O_5+K_2O$) $8\%\sim25\%$，有机质20%，杂菌率$\leqslant30.0\%$，水分（H_2O）$\leqslant30.0\%$，有效期$\geqslant6$月。

两种类型，酸碱度（pH）$5.5\sim8.5$。

七、农用微生物菌剂

农用微生物菌剂，是目标微生物（有效菌）经过工业化生产扩繁后加工制成的活菌制剂。它具有直接或间接改良土壤、恢复地力，维持根际微生物区系平衡，降解有毒、有害物质等作用；应用于农业生产，通过其中所含微生物的生命活动，增加植物养分的供应量或促进植物生长，改善农产品品质及农业生态环境。

农用微生物菌剂，执行国家标准 GB 20287—2006，分为液体、粉剂和颗粒 3 种类型。外观（感官）：粉剂产品应松散；颗粒产品应无明显机械杂质、大小均匀，具有吸水性。

主要技术指标：

（1）液体，有效活菌数$\geqslant2.0$亿/毫升，杂菌个数$\leqslant3\times10^6$个/毫升，杂菌率$\leqslant10.0\%$，酸碱度（pH）$5.0\sim8.0$，有效期$\geqslant3$个月。

（2）粉剂，有效活菌数$\geqslant2.0$亿/克，杂菌个数$\leqslant3\times10^6$个/克，杂菌率$\leqslant20.0\%$，水分（鲜样）$\leqslant35\%$，细度（过 0.18 毫米筛）$\geqslant80\%$，酸碱度（pH）$5.5\sim8.5$，有效期$\geqslant6$个月。

（3）颗粒，有效活菌数$\geqslant1.0$亿/克，杂菌个数$\leqslant3\times10^6$个/克，杂菌率$\leqslant30.0\%$，水分（鲜样）$\leqslant20\%$，细度（$1\sim4.75$毫米）$\geqslant80\%$，酸碱度（pH）$5.5\sim8.5$，有效期$\geqslant6$个月。

有机物料腐熟剂是指能加速各种有机物料（包括农作物秸秆、畜禽粪便、生活垃圾及城市污泥等）分解、腐熟的微生物活体制剂。

有机物料腐熟剂（包括秸秆腐熟剂），执行国家标准 GB 20287—2006，分为液体、粉剂和颗粒 3 种类型。外观（感官）：粉剂产品应松散；颗粒产品应无明显机械杂质、大小均匀，具有吸水性。

主要技术指标：

（1）液体，有效活菌数≥1.0亿/毫升，纤维素酶活≥30U/毫升，蛋白酶活≥15U/毫升，酸碱度（pH）5.0～8.5，有效期≥3个月。

（2）粉剂，有效活菌数≥2.0亿/克，纤维素酶活≥30U/克，蛋白酶活≥15U/克，水分（鲜样）≤35%，细度（过0.18毫米筛）≥70%，酸碱度（pH）5.5～8.5，有效期≥6个月。

（3）颗粒，有效活菌数≥1.0亿/克，纤维素酶活≥30U/克，蛋白酶活≥15U/克，水分（鲜样）≤20%，细度（1～4.75毫米）≥70%，酸碱度（pH）5.5～8.5，有效期≥6个月。

八、秸秆直接还田

中国是一个传统的农业国家，施用有机肥料是农业生产的优良传统。现代研究表明，有机肥料不仅含有 N、P、K、Ca、Mg、S、B、Fe、Mn、Mo、Zn 等农作物必需的营养元素，还含有能被作物吸收利用的各种氨基酸等有机营养，促进植物生长的维生素和生物活性物质（活性酶、糖类等），以及多种有益微生物（固氮菌、氨化菌、纤维素分解菌、硝化菌等），是养分最全的天然复合肥。施用有机肥料不但可以供给作物营养，还可以改善土壤物理、化学和生物特性，熟化土壤、培肥地力。几千年来我国人民正是依靠有机肥的施用，既增加了产量，又使土壤肥力长久不衰。

我国资源丰富，有机肥种类繁多。按有机肥料相同或相似的产生环境或施用条件，类似的性质功能和积制方法分为：粪尿肥、秸秆肥、绿肥、饼肥、农业废弃物、沼气肥等。1990年农业部原全国土壤肥料总站在全国 11 个省（自治区、直辖市）对有机肥料的品质等问题作了详尽的调查，掌握了各类肥料的特性。

秸秆直接还田是提升土壤有机质的关键措施之一，它能促进农业节水、节本、增产、增收、环保和可持续发展。利用农村富余的多种作物秸秆，在多种作物上根据不同的生态环境，采用机械翻压、秸秆覆盖、生物腐熟等不同的还田方式，并结合机械化操作，模式化栽培等综合技术，改善土壤通透性能，增强土壤蓄水保肥能力，增加土壤有机质含量和微生物活性，逐步提高土壤肥力。

1. 留高桩旋耕机械还田

适用秸秆：留高桩旋耕机械还田主要适用于水稻、小麦等草本类作物秸秆还田。技术要点：作物收割时，利用机械或人工收割，只收割上部禾穗部分及少部分秸秆，将大部分秸秆留在田间，利用旋耕机械旋耕，将留在田间的秸秆压碎，翻入土壤内，再种植下一季作物。

注意事项：留高桩旋耕机械还田秸秆量比较大，下一季作物要早施肥，并且适当增施氮肥，以防止秸秆腐烂时碳氮比不足，与作物争氮。

2. 联合收割机粉碎还田技术

适用秸秆：联合收割机粉碎还田可用于玉米、水稻、小麦、油菜或大豆等多数作物秸秆还田。技术要点：作物收割时，利用大型联合收割机械，一次将作物割起，在联合收割机内将作物脱粒，籽粒留下，将秸秆粉碎，丢在田间，再机械翻耕，将粉碎的秸秆翻入土壤内，再种植下一季作物。

注意事项：联合收割机粉碎还田秸秆量比较大，下一季作物要早施肥，并且适当增施氮肥，以防止秸秆腐烂时碳氮比不足，与作物争氮。

3. 秸秆覆盖还田

适用作物：几乎所有旱作物，包括小麦、油菜、棉花、瓜类、果树或蔬菜等。两、三季作物一般只覆盖一季，以秋冬优于春夏。适用秸秆和用量：可用于覆盖的秸秆品种很多，麦秆、稻草、油菜秆、玉米秸、豆秆或芝麻秆等均可应用。一般豆秆、油菜秆和芝麻秆优于稻草、玉米秸，稻草、玉米秸又优于麦秆。新鲜、湿润的秸秆优于干秸秆。用量适宜，春夏可多，秋冬宜少；作物高大者要多，矮小者应少；盖后不追肥者可多，盖后还要追肥者不宜超过 200 千克/亩。技术要点：根据作物及耕作不同，分五类：一是直播作物小麦、玉米、豆类等作物播种后，出苗前，以 150～200 千克/亩干秸秆均匀铺盖于耕地土壤表面，以"地不露白，草不成坨"为标准。盖后抽沟，将沟土均匀地撒盖于秸秆上。二是移栽作物油菜、甘薯或瓜类等，先覆盖秸秆 200 千克/亩，然后移栽。三是夏播宽行作物如棉花等，最后一次中耕除草施肥后再覆盖秸秆，用量 200～250 千克/亩。四是果树、茶桑等乔冠木随时可覆盖秸秆，用量不限，春季 300 千克/亩，秋季 250 千克/亩为宜。

4. 秸秆快速腐熟还田

技术特点：通过添加秸秆腐解微生物和秸秆腐解酶类，加速秸秆腐解的进程，缩短腐熟时间，尽快释放养分，防止后期腐解与农作物争氮，是秸秆直接还田的一种新方法。适用秸秆：秸秆快速腐熟还田主要适用于水稻、小麦和油菜等作物秸秆还田。适用作物：秸秆快速腐熟还田主要适用于水稻作物。技术要点：作物收割时，利用机械或人工收割，作物在田间脱粒，秸秆留在田间，将其均匀铺撒在土壤上，每亩撒施 2 千克秸秆腐熟剂，灌水泡 5～10 天，再整地栽秧。

秸秆是农作物的副产品，其中含有相当数量的营养元素。当作物收获后，将秸秆直接归还于土壤，有改善土壤物理、化学和生物学性状，提高土壤肥力，增加作物产量的作用。秸秆来源广泛，数量巨大，据张夫道等人统计，作物秸秆提供的养分约占我国有机肥总养分的 13%～19%。

5. 直接还田时应注意的事项

（1）掌握好秸秆还田量。生产实践中秸秆还田量可根据田间试验与土壤腐殖质平衡计算法得出秸秆的适宜还田量。一般情况下多数秸秆的还田量在每亩 200～500 千克。还田量过大时，需要一个月时间腐熟，秸秆不能完全腐烂，造成耕作上的困难，土壤跑墒加重，严重时还能使作物减产；还田量过小时，起不到培肥土壤的作用。

（2）注意秸秆碳氮比。适合微生物生活与繁殖的 C/N 比为25：1左右，而秸秆 C/N 比较高，还田时应配施一定量的氮肥，以满足微生物生长的需要，防止微生物与幼苗争氮，同时也能加速秸秆腐解。研究认为，麦秸直接还田时需补施氮素 0.6%～2.0%，玉米秸直接还田时需补加氮素 1.7%～2.0%，稻草直接还田时需补施氮素1.0%～1.5%。

九、绿肥

凡以植物的绿色部分耕翻入土壤当作肥料的均称绿肥。作为肥料而栽培的作物叫绿肥作物。我国是利用绿肥最早的国家，绿肥是中国传统的重要有机肥料之一，长期应用、研究表明，绿肥在提供农作物所需养分，改良土壤，改善农田生态环境和防止土壤侵蚀及污染等方面具有良好的作用。自 20 世纪 80 年代以来，由于化肥对农业的贡献以及化肥工业的发展，化肥施用量迅速上升，绿肥种植与施用面积大幅度下降。然而近年来，由于氮肥用量偏高，氮、磷、钾比例失调，造成土壤质量下降，环境遭受污染。因此，发展绿肥，对建立良好的生态环境，促进我国农业可持续发展将是十分重要的。目前国内主要利用的绿肥品种有紫云英、苕子、箭筈豌豆、蚕豆、豌豆、油菜、田菁、柽麻、竹豆、萝卜等，以紫云英最为常见。

1. 绿肥作用与效果

（1）绿肥作物的根系发达，如果地上部分产鲜草 1 000 千克，则地下根系就有 150 千克，能大量地增加土壤有机质，改善土壤结构，提高土壤肥力。豆科绿肥作物还能增加土壤中的氮素，据估计，豆科绿肥中的氮有 2/3 是从空气中来的。

（2）能使土壤中难溶性养分转化，以利于作物的吸收利用。绿肥作物在生长过程中的分泌物和翻压后分解产生的有机酸能使土壤中难溶性的磷、钾转化为作物能利用的有效性磷、钾。

（3）能改善土壤的物理化学性状。绿肥翻入土壤后，在微生物的作用下，不断地分解，除释放出大量有效养分外，还形成腐殖质，腐殖质与钙结合能使土壤胶结成团粒结构。有团粒结构的土壤，疏松、透气，保水保肥力强，调节水、肥、气、热的性能好，有利于作物生长。

（4）促进土壤微生物的活动。绿肥施入土壤后，增加了新鲜有机能源物质，使微生物迅速繁殖，活动增强，促进腐殖质的形成、养分的有效化，加速土壤熟化。

2. 我国大量空闲耕地应该推广发展绿肥

空闲耕地就是常年、季节性或者局部没有耕种利用的耕地的统称。主要包括：抛荒田——常年没有耕种利用的耕地；冬闲田——冬季没有耕种利用的耕地；间隙耕地——水果、茶叶种植区域内空隙未耕种的部分耕地。

（1）农村抛荒田问题严重。弃耕抛荒是指土地具备耕种条件，但是承包经营耕地的单位或个人故意不进行耕种，致使土地荒芜。弃耕抛荒是我国农业存在的重大问题，弃耕抛荒严重影响我国粮食安全，影响农业基础的稳定。据资料显示，湖南省季节性抛荒面积逾 133 千公顷，占全省耕地面积的 4%；江西省抛荒面积为 43 千公顷，占该省现有耕地面积的 2% 左右；安徽省抛荒面积约为 90 千公顷，占总承包面积的 1.2%。比如河南省林州市横水镇杨柏山屯村地处典型温带季风气候区，农作物一年两熟，根据实地走访和询问当地村民知晓：春季农业用地耕种率 75%，秋季农业用地耕种率 61%，年平均农业用地抛荒率高达 32%，相当于每年有将近 1/3 的农业用地荒芜。

（2）农村冬闲田面积大。冬闲田就是冬季因为茬口、气温、干旱等原因没有耕种作物的农田。随着市场经济的不断完善和发展，冬闲田逐渐增多，特别是近几年，不加利用的冬闲田逐年增加，冬闲田已经逐步上升为影响农业增产、农民增收的重要制约因素。以湖北省钟祥市为例，常用耕地面积 83 千公顷左右，对 16 个乡镇的 29 个村和290 个农户进行调查，共有空闲田面积 27.86 千公顷，占实际拥有耕地总面积的 13.2%。按 2014 年末全市统计口径常用耕地面积推算，预计 2015 年该市秋冬播期间有 1.09 千公顷的空闲田尚未开发利用。经过与 2013 年、2014 年对比，发现空闲田面积呈现递增态势比较明显。被闲置的农田大多是瘠薄地或低洼地，另外还有相当一部分属于高脚稻茬田块。

（3）果茶空隙耕地未利用。水果、茶叶种植区域由于密度管理，园区内存在大量空隙耕地。比如柑橘密植果园进入盛果期前，1 亩甜橙果园按 48 株九年生的园地空隙率为 55.4%，1 亩甜橙果园按 74 株四年生的园地空隙率为 82.3%，1 亩夏橙果园按 112 株六年生的园地空隙率为 41.5%，1 亩锦橙果园按 100 株六年生的空隙率 75.6%。合理利用这些空地，果园、茶园间隙地种植绿肥是一项先进、实用、高效的土壤管理方法，在发达地区已实施多年果园、茶园生草，种植绿肥，其主要功能：一是改善果园小气候；二是改善果园土壤环境；三是有利于果树病虫害的综合治理；四是促进果树生长发育，提高果实品质和产量。

3. 现代农业绿肥油菜明显优于紫云英

在 20 世纪 70 年代以前，绿肥最主要的作用是提供作物养分，特别是氮素养分。比如湖北省 1977 年 1 412 千公顷绿肥总产 31 796 千吨，折纯氮 127.2 千吨，接近当年全省施用氮素化肥总纯量 133.7 千吨。绿肥另一个作用是改良土壤，培肥地力，因为紫云英可以固定空气中的氮素，所以在当时化肥严重不足的情况下，把紫云英作为最主要的绿肥品种，主要目的是补充作物氮素养分，这是合理的。

现代农业中，绿肥的主要作用发生了改变，绿肥提供养分的意义已经不大了。2017 年全国绿肥种植面积 4 066 千公顷，按单产 1 000 千克/亩，折 244 千吨纯氮肥料，而当年化肥使用氮素总纯量为 32 000千吨，绿肥提供氮素肥料总量只占氮肥使用总量的 0.7%。现在绿肥的最主要作用是改良土壤，培肥地力。绿肥另一个作用就是保护生态环境，防止污染，生产健康食品。所以，不一定需要紫云英了。

在现代农业中，绿肥作为作物养分来源其意义越来越小，而改良土壤，培肥地力，发展可持续农业，保护生态环境则意义日显重要。在现代种植业中，绿肥的主要种植区域一是气候较差的"三冬田"（即冬闲田、冬炕田、冬泡田）；二是棉花、玉米、大豆等作物套种的间隙；三是水果、林木树下的空地。在现代市场经济中，绿肥没有直接的经济效益，所以要求种植绿肥的投入成本要尽量低。根据这些特点，现代农业对绿肥的新要求为：

（1）抗逆性强，耐寒、耐旱、耐渍。

（2）对环境要求不高，适用性广，南北各地、地势高低处处皆可种植。

（3）植株高大，生长快，鲜草产量高。

（4）绿肥有机质含量高，固氮能力是次要的。

（5）种子繁殖率高，繁殖容易。

（6）种子和肥料等投资、栽培管理用工等投入尽量少。

根据现代农业对绿肥的新要求，紫云英、苕子等传统豆科绿肥显然有一定缺陷。紫云英、苕子等传统豆科绿肥虽然有天然固氮的优势，但其抗逆性差，适应性窄，生长缓慢，鲜草量低，种子繁殖困难，繁殖率低，特别是其种子、肥料、用工投入成本过高等问题已经不适应现代农业对绿肥的新要求，这也是我国目前绿肥面积锐减的重要原因之一。

4. 大力推广种植利用油菜绿肥

在现代农业中，油菜作为绿肥，与传统紫云英绿肥相比有许多优势：

（1）油菜种植区域广阔。我国油菜种植面积和总产量均居世界第一位，遍及全国各地，北至黑龙江，南达海南岛，西起新疆维吾尔自治区，东抵沿海各省，从平原到海拔 4 600 米的西藏高原都有油菜种植；而紫云英性喜温暖的气候，我国仅分布于长江流域及以南地区，北纬 35°是紫云英的北部界限。

（2）油菜适应性广，抗逆性强。油菜既可以在排水不良的低湖水田种植，也可以在干旱少水的西北地区、山区坡地生长，对土壤肥力要求也不高；而紫云英在湿润且排水良好的土壤中生长良好，怕旱又怕渍，土壤以质地偏轻的壤土为主。

（3）油菜生长期短，播种期宽松。油菜既可以秋冬播种，也可以春播，秋冬播种期 9 月上旬至 11 月中旬播种，全生育期 130～290 天，春播播种期 3 月中旬至 4 月中旬，全生育期 60～130 天；而紫云英一般 9 月上旬至 10 月中旬播种，4 月中旬至 5 月中旬种子成熟，全生育期 220～270 天，生育期长，播种期短。

（4）油菜株体高大，鲜草、干有机物产量高。油菜茎枝直立生长，株体高大，光合和生长效率相对较高，鲜草产量可达 2 000～3 000 千克/亩，按 82% 含水量计算干有机物产量 360～540 千克/亩；而紫云英茎枝匍匐地面生长，光合和生长效率相对较低，鲜草产量 1 000～2 000 千克/亩，按 88% 含水量计算干有机物产量 120～240 千克/亩，二者之比为 3∶1。

（5）油菜发芽出苗性能好。油菜种子当年的发芽出苗率就在 95% 以上；而刚收获晒干的紫云英种子一般发芽率只有 2%～5%，发芽率随储藏时间延长而提高，在南方地区到当年秋季发芽率也只有 80% 以下，储藏到第二年秋季的发芽率最高。

（6）油菜繁殖率高。油菜种子单产约 200 千克/亩，播种量约 0.25 千克/亩，繁殖率约 800；而紫云英种子单产 30～50 千克/亩，播种量 1.5～4 千克/亩，繁殖率只有约 20，这是障碍紫云英绿肥发展的最大问题，二者之比为 40∶1。

（7）油菜种植投资少。油菜种子单价按 5 元/千克、绿肥每亩播种量 0.5 千克计算，种子投资只要 2.5 元/亩；而紫云英种子单价按 30 元/千克、每亩播种量 1.5 千克计算，仅种子投资就要 45 元/亩，二者之比为 1：18。紫云英栽培时还需要以小肥养大肥等肥料投入。

（8）油菜栽培省工省时。油菜只需拌点干土、细沙等，播种均匀即可；而紫云英种子在播种前一般需要进行一些处理，包括晒种、擦（碾）种、盐水选种、浸种、根瘤菌和磷肥拌种等，以提高其出苗率，生长期还要清沟排渍、抗旱保湿等。

（9）油菜绿肥养分丰富。紫云英可以固定空气中的氮素供给土壤，油菜则可以活化土壤中的矿物态磷素供给土壤，油菜是少数可以吸收利用矿物态磷素的作物。据分析，紫云英鲜草含水 88%、氮 0.33%、五氧化二磷 0.08%、氧化钾 0.23%，油菜鲜草含水 82.8%、氮 0.43%、五氧化二磷 0.26%、氧化钾 0.44%；紫云英干草含氮 2.75%、五氧化二磷 0.66%、氧化钾 1.91%，油菜干草含氮 2.52%、五氧化二磷 1.53%、氧化钾 2.57%（《中国农技推广》2012 年第 8 期，傅廷栋、梁华东等）。

5. 紫云英绿肥

又名红花草、草子、荷花郎、莲花草、翘摇、花草、燕子红、红花等，是豆科黄芪属一年生或越年生草本植物。紫云英固氮能力强，茎叶柔嫩，氮素含量较高，是肥饲兼用的绿肥品种。栽培上，多在秋季套播于稻田中，作早稻的基肥，北方可春播。

紫云英喜湿润温暖，怕渍水，抗寒力弱，耐旱力较差，种子发芽的适宜温度为 20～25℃。宜生长在土壤水分为田间持水量的 60%～75%、pH5.5～7.5 的较肥沃的壤质土壤上。温度降低到 −5～10℃时，易受冻害。全生育期 230～240 天，忌连作。套种时宜接种根瘤菌，特别是未曾种过的田块，接种根瘤菌是成败的关键。

据调查，鲜紫云英平均养分含量为：粗有机物 9.7％、全氮（N）0.40％、全磷（P）0.04％、全钾（K）0.27％，各种微量元素的平均含量为：铜 1.8 毫克/千克、锌 8.0 毫克/千克、铁 145 毫克/千克、锰 10.4 毫克/千克、硼 3.8 毫克/千克、钼 0.39 毫克/千克，钙、镁、硫、硅平均含量分别为：0.14％、0.04％、0.05％、0.08％。按全国有机肥料品质分级标准，紫云英属二级。

一般在紫云英的盛花期，产草量与含氮量达到高峰，是翻压的最佳时期，水稻在插秧的前 20 天左右翻压，压草量每亩 1 000～1 500千克，翻压作早稻的基肥，增产率为 11.67％。连续 3 年种植紫云英试验，试验田 2～5 毫米的土壤团粒增加 2.8 倍。

6. 油菜绿肥

俗名油白菜、野油菜，十字花科芸薹属，一年生或越年生作物，具有一定活化和富集土壤养分的功能，尤其是有一定的解磷特性。

油菜喜温暖湿润的气候，种子发芽的最低温度为 2～3℃，最适温度为 16～20℃，适宜在 pH6.5～7.5，水分为土壤最大持水量的30％～35％，质地为砂土、壤土或黏壤土上生长。

据全国 30 个点采样分析，鲜油菜平均养分含量为：粗有机物9.3％、C/N18.7、全氮（N）0.33％、全磷（P）0.04％、全钾（K）0.42％，各种微量元素的平均含量为：铜 2.1 毫克/千克、锌16.7 毫克/千克、铁 100 毫克/千克、锰 24.8 毫克/千克。按全国有机肥料品质分级标准，油菜属二级。

在南方，油菜的播种期为 11 月上、中旬，在北方分为夏播和春播，夏播在三伏，春播在 2 月末到 3 月初，一般在初花期翻压，每亩压青量 1 000～2 000 千克。据试验，种油菜压青的比冬闲田增产早稻9.5％左右。

十、农家肥

农家肥就是农村生产、生活过程中产生的具有肥效的废弃物或利用废弃物发酵而成的肥料。农家肥主要包括粪尿肥、农家肥、堆肥和沤肥、沼渣沼液、饼粕、草木灰、塘泥等。农家肥来源广、成本低、养分全、肥效稳，适用于各科作物，是农村应用最早、最普遍、用量最大、种类最多、成分最复杂的一种传统肥料。

1. 粪尿肥

粪尿肥是农村最普遍、最多的一种农家肥。粪尿肥主要是人粪尿、猪粪尿以及牛、羊、马、驴、骡等家畜粪尿，鸡、鸭、鹅等家禽类及蚕类等粪尿。其中畜禽粪尿占 90％左右。

2. 农家肥

农家肥又叫栏肥，一般是指由家畜粪尿、各种垫栏材料及饲料残屑混合积制的肥料。猪农家肥叫猪栏粪，牛农家肥叫牛栏粪。

3. 堆肥和沤肥

堆肥是秸秆、枯物残体等有机质废弃物在好气条件下堆腐而成的有机肥料。堆肥是一种富含有机质的肥料，其组成因堆积材料和方法不同差别较大。普遍堆肥一般组成是：水分 60％～75％，有机质 15％～25％，N0.4％～0.5％，P_2O_5 0.18％～0.26％，K_2O 0.45％～0.70％，碳氮比 16～24：1。常温堆肥养分略低，高温堆肥养分略高。

沤肥是秸秆、绿肥、草皮、人畜粪尿、塘泥、家庭垃圾等在不渗漏的积水塘（坑）中，嫌气条件下沤制而成的有机肥料，其成分因材料不同差别较大。

4. 沼渣沼液

沼渣沼液是沼气发酵肥（简称沼肥），是在农村制作沼气过程中，其原料秸秆、人畜粪尿、杂草树叶、生活污水等经发酵后剩余的残物质。沼气发酵肥是一种优质有机肥。沼气发酵肥分沼渣和沼液两部分，各占 13.2% 和 86.8%。其成分因投料种类、比例和加水量等不同差异较大。沼渣含有机质 30%～50%，全氮 0.8%～1.5%（速效占 1.25%），全磷 0.4%～0.6%，全钾 0.6%～1.2%（速效占 1.33%）；沼液含全氮 0.039%，有效磷 0.037%，有效钾 0.2%。

5. 饼粕

农村含油种子经压榨或浸提去油后的残渣叫饼，作肥料时叫饼肥。主要有菜籽饼、芝麻饼、花生饼、茶油饼、大豆饼、茶籽饼、棉饼、桐籽饼等。饼肥含氮较高，故农民把它当氮肥。作肥料时一般只需粉碎就能施用，当季肥效似高氮硫酸铵，后效长，如棉仁饼、棉籽饼、芝麻饼、豆饼等。含氮较低的饼肥常含有皂素等，如菜籽饼、油茶饼、桐子饼、蓖麻饼等，作肥料需经过发酵。饼肥一般基施，棉仁饼、豆饼、芝麻饼等也可作追肥，施用时应防止与种子、根接触。由于饼肥价值高，肥效长，故常作经济作物棉花、烟叶、蔬菜等的肥料。

6. 草木灰

草木灰就是农村植物燃烧后所剩余的灰分。广大农村普遍以稻草、麦秆、玉米秸、棉柴、树枝、落叶等为燃料，故草木灰是农村的一项重要肥料。草木灰主要成分是碳酸钾，钾含量较高，另外还有磷、锌、镁、硫及微量元素等，不含氮素。

7. 塘泥

泥土肥包括泥肥（塘泥、湖泥、沟泥、河泥等），这类肥料的特点是有机质和养分含量较低，钾略偏高，施用量大。泥肥主要在冬季无水或浅水季节挑入农田，经冬凌，第二年作春播作物的基肥。泥肥资源可算得上一项较大的有机肥源和钾素肥源，有待科学开发和利用，有条件的地方可尝试机械挖泥施入农田（梁华东等，《湖北省农牧业志》，湖北科学技术出版社）。

第八章　新型肥料使用技术

一、水肥一体化技术

水肥一体化即滴灌施肥，是随着灌溉技术和设施农业的发展，以及持续利用意识的增强而发展起来的施肥新技术。实际上就是将肥料溶解后注入滴灌输水系统，经各级管道以点滴的形式将肥料施入土壤的一种施肥方式。近年来国内外比较重视，并开展了一些研究和生产推广，产生了极大的经济效益。

1. 滴灌施肥的特点及好处

（1）提高肥、水利用效率。滴灌比常规地面灌溉节水 30%～50%，比喷灌节水 15%～25%，并且灌水均匀，不宜使土壤板结。进入土壤中的肥液，借助毛管水的作用湿润土壤，可直接被根系吸收，见效快，肥料利用率可提高 10% 以上。据报道，与地面灌溉相比，滴灌施肥可节省肥料 44%～57%，比喷灌施肥节省肥料 11%～29%。

（2）灌溉时期可根据不同作物的需肥需水规律而定，灵活性高。

（3）肥液在土壤中分布均匀，即不会对作物造成肥害，又不会影响耕层土壤结构。

（4）适应性广，特别适合于缺少雨水的丘陵山区、沙漠地区和盐碱地，以及经济效益高的花卉、果树、蔬菜和设施栽培作物。

（5）节省施肥的费用和劳力，提高工效。

2. 滴灌施肥系统的组成

滴灌施肥系统由三部分组成：①首部枢纽主要包括水泵、施肥罐、过滤器、控制阀门、流量表、压力表等，作用是供应肥、水并使之进入管道，监测处理等。②管路系统，一般分干、支、毛管三级。③滴头。其作用是通过微孔将肥、水均匀滴入土壤中，还有调节水压的作用。

3. 滴灌施肥的操作与注意问题

（1）系统的设计布局要合理。根据灌溉的地形、水源、作物种类，合理安排管道的走向、多少以及滴头的多少。施肥罐的选用要适中，一般以容积 20～30 升为宜。

（2）施肥量及速度调节。滴灌施肥时，可依据作物根系吸收强弱、需肥特性及肥料种类确定施用量，一般每亩大棚 3～5 天滴灌 1 次，每次施尿素 2～3 千克、磷酸二铵 1～2 千克、硫酸钾 1.5～2 千克为宜。施肥速度可通过施肥罐的阀门调节，施肥罐的流量小，施肥速度慢；反之，速度变快。

（3）两种以上的肥料混合施用，必须防止相互间的化学反应，生成不溶物，堵塞管道及滴头。

（4）灌溉用水及肥料的酸碱度均以中性为宜，如用碱性较强的水，易与磷肥反应生成不溶性的磷酸钙，使多种微量元素的有效性降低，影响施肥效果。

（5）滴灌堵塞是灌溉施肥的常见故障，必须施用可溶性肥料。堵塞时可采用高压疏通或稀盐酸冲洗。

（6）施肥罐的保养。除选用易溶性、无残渣肥料外，要定期及时清理残渣防腐。

（7）在灌溉系统首部枢纽中要装止逆阀，防止肥水倒流入水源引起水质富营养化。灌肥结束时，要及时用清水冲洗系统，防止肥料滞留，产生污染。

滴灌施肥是一种具有发展前景的施肥方法，但目前也存在较大的局限性，如需要一定的设备和投资。应用于果园较好，但对于经常耕作的地块，受耕作的影响性较大，安装较困难，要在生产上推广应用，还有待进一步研究解决一些技术性问题。

二、无土栽培营养液技术

营养液是人工配成的盐溶液，它的配制与管理是无土栽培的主要技术环节，全面了解掌握营养液的配制方法和技术，加强营养液的管理，对提高产量、改善品质至关重要。现就其配制原则、方法及管理，简要介绍如下：

1. 配制原则

（1）营养液是作物根系营养的主要来源，应含有植物生长必需的营养元素。

（2）营养元素的比例、用量，要根据作物的种类和条件搭配适宜，以充分发挥元素的有效性和保证作物的平衡吸收。

（3）在植物生育期内能维持适于植物生长的 pH。

（4）营养液应是生理平衡溶液。

2. 营养液的配制

根据上述原则，营养液的配制主要包括大量营养元素配方的换算、营养液微量元素的适宜浓度和用量、酸碱度、离子浓度、电导率等几个方面。

（1）营养液大量元素浓度与组配换算方法。前人总结的经验配方中，已把营养液中所用的各种化肥适宜用量记录了下来，这对实际操作者来说，就简便多了。但是，有时某些配方给出的只是营养元素的浓度，必须换算成所用肥料浓度才能配制。

（2）营养液中微量元素浓度及组成。由于各种作物对微量元素需要的数量极少，而且都有一定相近的适宜浓度范围，所以多数作物营养液中微量元素添加的种类、数量都是相同的。微量元素的适宜浓度范围比大量元素要窄得多，过多过少不仅使营养液的离子平衡受到影响，而且对作物具有危害性。因此，更应重视。

（3）营养液的酸碱度。营养液的酸碱度（即 pH）指营养液的酸碱程度，是由营养液中氢离子和氢氧离子的浓度决定的。pH 对营养液肥效的影响包括两个方面：一是直接影响作物吸收离子的能力；二是影响营养元素的有效性，从而导致作物营养失衡。无土栽培中要求的营养液 pH 范围一般为 4.5～8.0。营养液 pH 大致与所用水 pH 相近，如果配制的营养液 pH 偏高或偏低，则需要进行营养液 pH 的调整校正，常用氢氧化钠或硫酸、硝酸、磷酸中某一种酸予以调整。

营养液在配制和使用过程中，必须要对 pH 进行检测。检测 pH 有比色法和电位法两种方法。生产实践中用的比较普遍的是比色法，其操作简单方便。取水或营养液样品 1～2 毫升，滴入比色白瓷盘凹穴处，滴加普通混合指示剂数滴，待变色后与标准比色条相比较，也可用试纸条浸于营养液中几秒钟，取出与标准色卡对比，确定 pH 的大小。

（4）营养液离子浓度与测定。配制营养液的化肥绝大多数为无机盐类，溶于水后离解成带正电荷或负电荷的阳离子和阴离子，离子的多少即离子浓度。不同营养液配方因使用肥料的种类和用量不同，其离子浓度也不同，故使用前要测定离子浓度大小。营养液用了一段时间后，由于营养元素不断被作物吸收利用，营养液离子浓度发生了变化，为了使营养液的浓度保持在适宜的范围以内，需要经常对营养液进行检测。

营养液中的离子浓度通常用电导率仪测定电导率来反映，因为离子浓度与电导率（EC 值）密切相关，浓度高则电导率也高；反之亦然。所以，在无土栽培中，大都使用电导率值来判断离子浓度，当测得的电导率值过低时，就向营养液中添加浓溶液，使其恢复到原来的初始浓度水平。不同作物的适宜 EC 值不同，就多数作物来说，适宜的 EC 值范围为 0.5～3.0 毫西/厘米。无土栽培中作物所使用的营养液 EC 值不应过高或过低，否则对作物生长发育不利。值得注意的是，调整 EC 值时，应逐步逐级进行，不能使浓度变化太大。

3. 营养液管理

无土栽培中营养液管理是其全过程中的一个重要组成部分，特别在自动化、标准化程度较低的情况下，显得尤为重要，否则将直接影响作物的生长发育。营养液管理主要包含以下几个方面：

（1）浓度管理。营养液投入使用一段时间后，因作物的吸收利用、水分蒸发等，其浓度不断发生变化，所以，需要进行检测和调整，恢复到原来水平。通过分析测定，恢复补充营养液浓度的方法有多种，生产中常用的是测定营养液的电导率值法。通过测定初始标准营养液和不同浓度营养液的电导率值，画出营养液浓度、电导率值和营养液母液追加量关系的标准曲线，寻找出三者之间的关系。以后只要知道测得的电导率值，就可查算出母液的补充用量。

（2）温度和光照管理。无土栽培条件下，作物根系一直悬挂在营养液中，由于作物根系的适温范围比地上部的适宜温度范围要窄得多，因此，营养液必须具备控温设施，以保证营养液的温度应当是根系生长需要的适宜温度。一般夏季营养液温度要求不超过 28℃，冬季营养液温度不低于 15℃，这样对大多数蔬菜的产量影响较小。无土栽培营养液不宜受阳光直接照射，因为阳光直射会使溶液中的铁产生沉淀。另外，阳光下的营养液会产生藻类，与栽培作物竞争养分和氧气，所以在无土栽培中，营养液应保持暗条件。

（3）氧气管理。无土栽培中，作物根系主要从营养液中吸收氧气。营养液中氧气对作物生长影响较大，只有经常补充营养液中氧气含量，作物才能正常生长发育。通常用增氧泵增氧，增加供液次数，使用多孔隙基质营养液循环流动，改进栽培方式等方法来增加营养液中氧气含量。

营养液的管理还包括 pH 管理、供液时间及次数管理、用量管理、更换管理、配方管理、病害的防治等，针对不同作物要求也不同，这里就不再细述。

三、缓控释肥料技术

1. 缓控释肥料

缓控释肥料包括缓释肥料和控施肥料。广义上讲缓控释肥料是指肥料养分释放速率缓慢，释放期较长，在作物的整个生长期都可以满足作物生长需求的肥料。但狭义上对缓释肥和控释肥来说又有其各自不同的定义。缓释肥（SRFS）又称长效肥料，主要指施入土壤后转变为植物有效养分的速度比普通肥料缓慢的肥料。其释放速率、方式和持续时间不能很好地控制，受施肥方式和环境条件的影响较大。缓释肥的高级形式为控释肥（CRFS），是指通过各种机制措施预先设定肥料在作物生长季节的释放模式，使其养分释放规律与作物养分吸收基本同步，从而达到提高肥效目的的一类肥料。

2. 缓释肥料

缓释肥料通过化学的和生物的因素使肥料中的养分释放速率变慢。主要为缓效氮肥，也叫长效氮肥、缓释尿素等。一般在水中的溶解度很小，施入土壤后，在化学和生物因素的作用下，肥料逐渐分解，氮素缓慢释放，满足作物整个生长期对氮的需求。缓释肥料是指能延缓或控制养分释放速度的新型肥料。相对于速效肥，有以下一些优点：

（1）在水中的溶解度小，营养元素在土壤中释放缓慢，减少了营养元素的损失。

（2）肥效长期、稳定，能源源不断地供给植物在整个生产期对养分的需求。

（3）由于肥料释放缓慢，一次大量施用不会导致土壤盐分过高而

"烧苗"。

（4）减少了施肥的数量和次数，节约成本。

3. 控释肥料

控释肥通过外表包膜的方式把水溶性肥料包在膜内使养分缓慢释放。当包膜的肥料颗粒接触潮湿土壤时，土壤中的水分透过包膜渗透进入内部，使部分肥料溶解。这部分水溶养分又透过包膜上的微孔缓慢而不断向外扩散。

缓释肥和控释肥都是比速效肥具有更长肥效的肥料，从这个意义上来说缓释肥与控释肥之间没有严格的区别。但从控制养分释放速率的机制和效果来看，缓释肥和控释肥是有区别的。缓释肥在释放时受土壤 pH、微生物活动、土壤中水分含量、土壤类型及灌溉水量等许多外界因素的影响，肥料释放不均匀，养分释放速度和作物的营养需求不一定完全同步，同时大部分为单体肥，以氮肥为主。而控释肥多为氮、磷、钾复合肥再加上微量元素的全营养肥，施入土壤后，它的释放速度只受土壤温度的影响。由于土壤温度对植物生长速度的影响很大，在比较大的温度范围内，土壤温度升高，控释肥的释放速度加快，同时植物的生长速度加快，对肥料的需求也增加。因此，控释肥释放养分的速度与植物对养分的需求速度比较符合，从而能满足作物在不同的生长阶段对养分的需求。

四、微生物肥料技术

1. 微生物肥料定义

微生物肥料又叫生物肥料、农用微生物菌剂。微生物肥料是以微生物的生命活动，导致作物得到特定肥料效应的一种制品，是农业生产中使用的一种肥料，其在中国已有近 50 年的历史，从根瘤菌剂—细菌肥料—微生物肥料，从名称上的演变已说明中国微生物肥料逐步发展的过程。微生物肥料含有大量有益微生物，可以改善作物营养条件、固定氮素和活化土壤中一些无效态的营养元素，创造良好的土壤微生态环境来促进作物的生长。长期以来，社会上对微生物肥料的看法存在一些误解和偏见，一种看法认为微生物肥料肥效很高，把它当成万能肥料，甚至扬言可以完全取代化肥；另一种看法则认为它根本不是肥料，其实这两种都是偏见。多年试验证明，用根瘤菌接种大豆、花生等豆科作物可提高共生固氮效能，确实有增产效果，合理应用其他菌肥拌种或施用微生物肥料，对非豆科农作物也有增产效果，而且有化肥达不到的效果。

按照农业农村部批准登记的微生物肥料产品，共有9个菌剂类品种和2个菌肥类品种。9个菌剂类品种包括：根瘤菌剂、固氮菌剂、溶磷菌剂、硅酸盐菌剂、菌根菌剂、光合菌剂、有机物料腐熟剂、复合菌剂和土壤修复菌剂。微生物菌剂要求具有直接或间接改良土壤、恢复地力、维持根际微生物区系平衡、降解有毒有害物质等作用。2个菌肥类品种包括：复合微生物肥料和生物有机肥。

2. 微生物肥料的主要作用

生物肥料（微生物肥料）的功效是一种综合作用，主要是与营养元素的来源和有效性有关，或与作物吸收营养、水分和抗病（虫）有关。总体来说，生物肥料（微生物肥料）的作用有以下几点：

（1）增进土壤肥力。施用固氮微生物肥料，可以增加土壤中的氮素来源；施用解磷、解钾微生物肥料，可以将土壤中难溶的磷、钾分解出来，转变为作物能吸收利用的磷、钾化合物，改善作物的营养条件。

（2）促进和协助农作物吸收营养。根瘤菌侵染豆科植物根部，固定空气中的氮素。微生物在繁殖中能产生大量的植物生长激素，刺激和调节作物生长，使植株生长健壮，促进对营养元素的吸收。

（3）增强植物抗病和抗旱能力。微生物肥料由于在作物根部大量生长繁殖，抑制或减少了病原微生物的繁殖机会；抗病原微生物可减轻作物的病害；微生物大量生长，菌丝能增加对水分的吸收，使作物抗旱能力提高。

（4）减少化肥的使用量和提高作物品质。使用微生物肥料对于提高农产品品质，如蛋白质、糖分、维生素等的含量有一定作用，有的可以减少硝酸盐的积累。在有些情况下，品质的改善比产量提高好处更大。

3. 正确认知与合理利用微生物肥料

（1）微生物菌数的误区。微生物菌剂、生物有机肥和复合微生物肥料国家标准菌数含量要求 0.2 亿～2 亿/克不等，但是市场上见到许多 5 亿/克、10 亿/克、20 亿/克、50 亿/克甚至 100 亿/克的。微生物肥料的菌数含量不是越多越好吗？答案是否定的。因为微生物繁殖速度超过任何生物。一般细菌约每 20 分钟可分裂 1 次（1 代），1个微生物 7 小时可繁殖到约 200 万个，10 小时后可达 10 亿以上。所以不需要那么多菌数，关键看微生物菌剂的品种、活性以及相互混配。

（2）微生物肥料功能的单一性。微生物的种类非常多，每克土壤里含有种类上万种，个数上亿个微生物。微生物菌的品种大致分八大类：细菌、病毒、真菌、放线菌、立克次体、支原体、衣原体、螺旋体。功能大致分腐熟类、分解类、抗性类、杀菌类、生理活性类、养分类等。但是单一微生物，它的功能也是单一的。比如：酿酒微生物只能酿酒，不能发面；发面微生物只能发面，不能酿酒。

（3）微生物肥料对环境的强敏感性。微生物用肉眼看不到，要放大几十、几百上千倍才能够看得见。其生命极其脆弱，对温度、湿度、氧气、酸碱性、养分等环境要求非常严格，稍有不适就没有活性（肥效）、不繁殖甚至死亡。每克土壤里也含有种类上万种，个数上亿个微生物。这些土著微生物在当地生活了几百上千年，非常适宜当地环境条件。新来一种微生物还要面临与土著微生物你死我活的争斗。

拿温度来说，一般菌肥中的生物菌在土壤 18～25℃时生命活动最为活跃，15℃以下时生命活动开始降低，10℃以下时活动能力已很微弱，处于休眠状态甚至死亡。因此，微生物肥料使用时注意土壤温度，调节好土壤湿度。

再有耐高温的微生物不耐中温、低温；耐低温的微生物不耐中温、高温。

（4）微生物肥料效果是有限的。一些企业过分宣传其生物菌的效果，造成农民误解。

微生物肥料效果非常不稳定。包括：一是环境的不稳定，微生物菌剂的效果相差很大；二是生长发育条件的差异，微生物菌剂的效果相差很大；三是同样微生物品种，个体差异也很大，环境忍耐性、繁殖率、生理活性等造成微生物菌剂的效果相差很大。所以，施了很多微生物菌剂，没有任何效果，很正常。

（5）微生物肥料与化肥关系。一些企业宣传说生物菌可以固氮、解磷、解钾，代替化肥，可以不施化肥，这是夸大微生物肥料的效果，容易造成农民误解，甚至经济损失。说生物菌可以包治百病，可以增产很多很多，可以大幅度改良品质等等，都属于夸大效果。

首先，农作物需要化肥，可以用有机肥部分替代，但是不能用微生物菌剂替代。其次，化肥、有机肥好比米面主食，不能替代；微生物菌剂只相当于保健品，起辅助作用。再次，化肥、有机肥、微生物菌剂相互配合，才能发挥其最大效果，达到高产、优质、少病的目的。

（6）微生物肥料混配的复杂性。微生物的种类非常多，种类上万种。微生物菌的品种大致分八大类：细菌、病毒、真菌、放线菌、立克次体、支原体、衣原体、螺旋体。功能大致分腐熟类、分解类、抗性类、杀菌类、生理活性类、养分类等。单一微生物效果有限，相互配合才能发挥最大效果。但是微生物的混配技术非常复杂，只有专家经过严格实验，才能推广使用。

（7）微生物肥料生产使用的严格性。微生物肥料是生物活性肥料，生产过程、运输储存、施用方法比化肥、有机肥严格，要注意使用条件，严格按照说明书操作，否则难以获得良好效果。

五、肥料混合使用

肥料混合就是把不同的肥料混配在一起，做成复混肥料。有些肥料混合后会发生一系列化学变化，造成养分损失或有效性降低等不良后果。因此，混合肥料必须遵循以下原则：一是肥料混合不会造成养分损失或有效性降低；二是肥料混合不会产生不良的物理性状；三是肥料混合有利于提高肥效和工效。

1. 化学肥料之间的混合

根据肥料混合的 3 条原则，化学肥料混合适当与否常有 3 种情况：可以混合；可以暂时混合，但不能久置；不可以混合。

（1）可以混合。氯化铵与硫酸铵，氯化铵与氯化钾、硫酸钾等都可以混合。

（2）可以暂时混合（随混随施）。有些肥料混合后立即施用，不会有不良影响，但混合后长期放置，就会引起有效养分含量损失或物理性状变坏。例如硝态氮肥与过磷酸钙，尿素与硝酸铵，尿素与氯化钾，钢渣磷肥与硫酸钾和氯化钾，石灰氮与硫酸钾和氯化钾等都可以随混随用。

（3）不可混合。有些肥料混合后，能引起养分的损失，降低肥效，这类肥料不可以混合。例如，碱性肥料与氨态氮肥，碱性肥料与过磷酸钙，硝态氮肥与窑灰钾肥，钢渣磷肥与窑灰钾肥，石灰与硫酸亚铁等都不可以混合。

2. 化学肥料与有机肥料的混合

有些有机肥料与矿质肥料混合使用，其增产效果常比分别施用好；但有些混合后，肥效降低，不宜混用。

（1）可以混合。磷矿粉、钙镁磷肥与商品有机肥、农家肥可以混合，因为商品有机肥、农家肥发酵产生的有机酸，可促使磷矿粉、钙镁磷肥中磷的溶解，释放出有效磷，从而提高磷肥肥效。过磷酸钙与商品有机肥、农家肥混合，二者混合有机肥料可以把过磷酸钙包起来，减少土壤与过磷酸钙的接触，减少土壤对水溶性磷的固定，同时有机肥还能络合土壤中的钙或活性铁、铝，形成稳定的金属络合物，避免金属离子与磷酸根离子结合形成难溶性磷酸盐，降低磷肥肥效，同时，有机肥在腐熟过程中产生的氨可以与过磷酸钙反应生产磷酸铵，减少氨的挥发和损失。泥炭与石灰氮、草木灰混合，可利用其碱性物质，中和泥炭中的酸性，从而提高其肥效。另外，新鲜农家肥与氨态氮肥、钾肥，商品有机肥与钢渣磷肥，畜禽粪便与少量过磷酸钙等都可以混合。

（2）不可以混合。有些有机肥料与化学肥料混合，易引起氨的挥发，降低肥效。硝态氮肥与未腐熟的商品有机肥、农家肥或新鲜秸秆混合堆沤，由于反硝化作用，易引起氮素损失。一些碱性肥料如草木灰、石灰氮、钙镁磷肥与腐熟的商品有机肥、农家肥混合，有机肥中的铵态氮变成气态氮损失，降低了肥效。

3. 肥料与农药的混合

肥料与农药混用是近几年农化结合发展起来的新技术。采用这项技术，能使施肥、防病、治虫、除草工作一次完成，可以节省劳力，缩短工作时间，提高肥效和药效，降低农药成本，因此，应当大力推广和提倡。目前与肥料混合使用的农药以除草剂最多，杀虫剂次之，杀菌剂最少。

（1）肥料与除草剂混合。肥料与除草剂混合施用，使两者的作用都发生了变化。

除草剂与肥料混用能够提高除草剂的除草功效，有 3 个方面的原因：一是使除草剂分布更均匀，增加对杂草的杀伤机会，从而使除草效果更佳；二是肥料能够促进植物对除草剂的吸收，如氮肥能提高除草剂的杀虫效果，硝酸钾或尿素能促进阿特拉津的吸收；三是化肥能影响除草剂的杀草机制。这是因为化肥降低了溶液的表面张力和

pH，增强了药剂的附着能力。

除草剂也影响化肥肥效。大多数除草剂能增加土壤中的有效氮，其原因是除草剂有毒性，能抑制土壤中微生物的活动。

（2）肥料与杀虫剂、杀菌剂混合。目前与肥料混合的杀虫剂，主要是防止地下害虫的农药，其中有机氯杀虫剂的性质较稳定，残效较长，与肥料混用一般不受影响。生产上将农药和肥料的混合物兼治地下害虫，常用的肥料有过磷酸钙和有机肥料等。

（3）肥料还可与植物生长调节剂混用。

4. 生物肥料与其他肥料混合

生物肥料是含有活微生物的特定制品，在这种制品中，活微生物的生命活动起关键作用。因此，生物肥料与其他肥料或物质混合，以不伤害微生物活体为主，如果伤害了微生物活体就不可以混合。

（1）可以混合。一是生物肥料之间可以混合，不同菌种之间生产的生物肥料可以混合。二是生物肥料可与有机肥混合。三是生物肥料与少量微量元素混合。四是固氮菌可添加少量钼、铁、钴等微量元素。五是生物肥料可与少量稀土混合。

（2）有条件混合。生物肥料与化学肥料混合：一是生物肥料单独造粒，然后与复混肥混合。二是微生物菌剂接种鸡粪、猪粪等有机肥，发酵后与无机肥料混合。

（3）不能混合。一是生物肥料不能与含有大量挥发氨的化学肥料混合。二是生物肥料不能与农药、杀虫剂混合。三是生物肥料不能与大量过酸或过碱的物质混合。

六、肥料简易识别

随着我国肥料工业的发展，农业结构调整步伐的加快，农业生产上肥料的使用量逐年增加，肥料品种繁多。在肥料出厂时，每种肥料在包装袋上标明：肥料名称、养分含量、商标、重量、标准号、生产厂名、厂址、生产许可证编号、登记证号等。在运输、贮存过程中，有时由于包装破损、标签失落等原因，造成肥料混杂不清，给肥料的分配、贮存和使用都带来困难。更严重的是在目前市场经济条件下，一些不法商贩将假冒伪劣肥料混入市场，使农民朋友上当受骗，给农业生产造成严重损失。因此，对肥料加以简单识别，定性鉴别和快速测定，既有重要意义，又具有现实意义。

肥料的鉴别一般需要在化验分析室里，用定量和定性的方法鉴别。但在广大农村，由于缺乏仪器设备，可用一些简易方法对肥料进行识别。这种方法是根据商品肥料的形态特征，如外观形状、气味、吸湿性、酸碱性、水中溶解性、灼烧试验等进行简易定性鉴别，可以帮助农民识别肥料的真假伪劣。

1. 直观法

（1）肥料包装和标志。肥料的包装材料和包装袋上的标志都有明确的规定。化肥的国家标准 GB 38569 对肥料的包装技术、包装材料、包装件试验方法、检验规则和包装件的标志都作了详细规定。肥料的包装上必须印有产品的名称、商标、养分含量、净重、厂名、厂址、标准编号、生产许可证、登记证等标志。如果没有上述主要标志或标志不完整，就有可能是假冒伪劣肥料。另外，要注意肥料包装是否完好，有无拆封痕迹或重封现象，以防那些使用旧袋充装伪劣肥料的情况。

（2）颜色。各种肥料都有其特殊颜色，据此，可大体区分肥料的种类。氮肥除石灰氮为黑色，硝酸铵钙为棕、黄、灰等杂色外，其他品种一般为白色或五色。钾肥为白色和红色两种；磷酸二氢钾为白色；磷肥大多有色，有灰色、深灰色或黑灰色；硅肥、磷石膏、硅钙钾肥也为灰色，但有冒充磷肥的现象；磷酸二氨为半透明、褐色。

（3）气味。一些肥料有刺鼻的氨味或强烈的酸味。如碳酸氢铵有强烈的氨味，硫酸铵略有酸味，石灰氮有特殊的腥臭味，过磷酸钙有酸味，其他肥料无特殊气味。

（4）结晶状况。氮肥除石灰氮外，多为结晶体。钾肥为结晶体。磷酸二氢钾、磷酸二氢钾铵，一些微肥如硼砂、硼酸、硫酸锌、铁、铜肥均为晶体。磷肥多为块状或粉状、粒状的非晶体。

2. 水溶法

如果外表观察不易认识肥料品种，则可根据肥料在水中的溶解情况加以区别。准备一只烧杯或玻璃杯，加入半杯蒸馏水或清洁的凉开水，然后取肥料样品一小匙，慢慢倒入杯中，用玻璃棒充分搅动，静止一会儿观察其溶解情况，可分为易溶、部分溶解和难溶三类。

全部溶解的多为硫酸铵、硝酸铵、氯化铵、尿素、硝酸钾、硫酸钾、磷酸铵等氮肥和钾肥，以及磷酸二氢钾、磷酸二氢钾铵、铜、锌、铁、锰、硼、钼等微量元素单质肥料。

部分溶解的多为过磷酸钙、重过磷酸钙、硝酸铵钙等。

不溶解或绝大部分不溶解的多为钙镁磷肥、磷矿粉、钢渣磷肥、磷石膏、硅肥、硅钙肥等。绝大部分不溶于水，发生气泡，并闻到有"电石"臭味的为石灰氮。

3. 与碱性物质反应

取少许试样与等量的熟石灰或生石灰或纯碱等碱性物质，加水搅拌，如有氨臭味产生，则为铵态氮肥或含铵的其他肥料。

4. 灼烧法

把肥料样品加热或燃烧，从火焰颜色、熔融情况、烟味、残留物等情况，进一步识别肥料品种。取少许肥料放在薄铁片或小刀上，或直接放在烧红的木炭上观察现象。硫酸铵逐渐溶化并出现"沸腾"状，冒白烟，可闻到氨味，有残烬。碳酸氢铵直接分解，产生大量白烟，有强烈的氨味，无残留物。氯化铵直接分解或升华产生大量白烟，有强烈氨味，无残留物。尿素迅速溶化时冒白烟，无氨味。硝酸铵边溶化边燃烧，冒白烟，有氨味。硫酸钾或氯化钾无变化，但有爆裂声，没有氨味。燃烧并出现黄色火焰的是硝酸钠，出现紫色火焰的为硝酸钾。磷肥无变化（除骨粉有焦烧味外），但磷酸铵类肥料能溶化发烟，并且有氨味。

（1）氮肥。市场出现的多为假冒尿素，一般有两种情况：一种是化肥袋内下面是碳酸氢铵，上面是尿素，其特点是上面流动性好，下面不流动甚至结块，而且可闻到较强的挥发氨味，可以判断这是掺碳酸氢铵的假尿素。如果流动都较好，只是颗粒颜色、粒径大小不一致，可能是尿素、硝酸铵的混合物。最难区别的是尿素中掺有与尿素颗粒颜色、溶解性很相似的东西，常见的有颗粒硝酸铵，还有一些大分子的有机物如多元醇（三十烷醇）等。下列要点可作为判断的原则。一是外观上：尿素、硝酸铵、多元醇均为无味的白色颗粒，表面没有反光。而硝酸铵颗粒表面发亮，有明显反光。多元醇乳白，没有发亮的色泽和反光，不透明。二是手感上：尿素光滑、松散，没有潮湿感觉；硝酸铵光滑有潮湿感；多元醇松散不太光滑，也没有潮湿感。三是用火烧：把3种物质放在烧红的木炭上或铁板上，尿素迅速熔化，冒白烟，有氨臭味；硝酸铵发生剧烈燃烧，发出强光、白烟，并伴有"嘶嘶"声；多元醇分散燃烧，但没有氨味。此外，市场上还常常出现劣质尿素，其外观往往是颗粒大小不均一，颜色不均匀，球形不规则等，也有些劣质尿素外观很完美。劣质尿素质量不合格的主要原因是生产尿素的工艺技术不过关，在生产尿素的过程中产生较多的缩二脲。缩二脲对植物生长有毒害作用，尤其是幼苗。缩二脲含量大于1％，即为劣质尿素。

（2）磷肥。市场上多用磷石膏、钙镁磷肥、废水泥渣、砖粉末等冒充普通过磷酸钙。其鉴别规则如下。一是外观上：普通过磷酸钙为深灰色或灰白色疏松粉状物，有酸味；磷石膏为灰白色的六角形柱状或晶状粉末，无酸味；钙镁磷肥的颜色与普通过磷酸钙相似，灰绿色或灰棕色，没有酸味，呈很干燥的玻璃质细粒或细粉末；废水泥渣为灰色粉粒，无光泽，有较多坚硬块状物，粉碎后粉粒也比较粗，没有游离酸味；砖瓦粉末颜色发蓝，粉粒也较粗，无酸味。二是手感上：

普通过磷酸钙质地重，手感发绵但不轻浮；磷石膏质地轻，手感发绵比较干燥；废水泥渣质地比普通过磷酸钙重，手感不发腻，不发绵，不干燥，有坚硬水泥渣存在；砖瓦粉末手感明显发涩，不干燥，有砖瓦渣存在。三是水溶性：普通过磷酸钙部分溶于水，磷石膏完全溶于水，钙镁磷肥不溶于水，废水泥渣和砖瓦粉加水成浆，废水泥浆重新凝固，水多情况下砖瓦粉会沉淀。在识别中，若发现普通过磷酸钙中有土块、石块、煤渣等明显杂质则为劣质普通过磷酸钙；如发现酸味过浓，水分较大，则为未经熟化不合格的非成品普通过磷酸钙；如果发现颜色发黑、手感发涩、发扎，则为粉煤灰假冒普通过磷酸钙。

（3）钾肥。一般市场上常见的有进口和国产钾肥掺混后冒充进口钾肥出售，颜色呈白色或红色，掺混后的钾肥流动性差。硫酸钾和氯化钾、钾镁肥掺混后冒充硫酸钾出售，掺混后的钾肥呈现淡黄、白色或淡黄、红色结晶体。还有的是把钾肥和碳酸氢铵掺混后冒充国产钾肥销售，这种情况下可把产品研成粉末，取少量放在小铁片上灼烧，若能燃烧、熔化或发白烟，带有氨臭味则为氨肥；若跳动有爆裂声则是钾肥。此外，也有用氯化钠（食盐）冒充氯化钾的，可用舌尖稍舔一下有咸味。

（4）复合肥。市场上多是以颗粒普通过磷酸钙冒充硝酸磷肥、重过磷酸钙，也有用普通过磷酸钙、硝酸磷肥假冒磷酸二铵的。它们之间有着相似的颜色、颗粒和抗压强度，但成分种类、含量、价格差别很大。颗粒过磷酸钙 P_2O_5 含量 14%～18%；三料磷肥（重过磷酸钙）P_2O_5 含量 42%～46%；硝酸磷肥含氮 25%～27%，含 P_2O_5 11%～13.5%；磷酸二铵含 P_2O_5 46%～48%，含氮 16%～18%。一是外观上：磷酸二铵（美国产）不受潮情况下，中心黑褐色，边缘微黄，颗粒外缘微有半透明感，表面略显光滑，呈不规则颗粒；受潮后颗粒颜色加深，无黄色和边缘透明感，湿过水后颗粒表现一样，并在表面泛起极少量粉白色。硝酸磷肥透明感不明显，颗粒表面光滑，为颜色黑褐的不规则颗粒。重过磷酸钙颗粒为深灰色。过磷酸钙颜色要浅些，发灰色、浅灰色，表面光滑程度差些。二是水溶性：硝酸磷肥、磷酸二铵、重过磷酸钙均不溶于水。三是用火烧：磷酸二铵、硝酸磷肥在红木炭上灼烧能很快熔化并放出氨气；而重过磷酸钙和过磷酸钙没有氨味，特别是过磷酸钙颗粒形状根本没有变化。

（5）复混肥。目前市场上多是三元素养分≥25％的复混肥，颜色多为灰色、黑褐色（含硝基腐殖酸）不规则颗粒。也有含量≥45％的三元复混肥，以高岭土为黏结填充料，为黄褐色、粉褐色。假冒复混肥一般为污泥、垃圾、土、粉煤灰等颗粒物，一般不含氮素化肥。一是外观上：氮素化肥特别是尿素、硝酸铵多的复混肥，炉温合适，颗粒熔融状态好，表面比较光滑；假复混肥表面粗糙，没有光泽，也看不见尿素、氯化钾残迹。二是用火烧：在烧红的铁板或木炭上复混肥能熔化、发泡发烟，放出少量氨味，而且颗粒变小，氮素越多熔化越快，浓度越高残留越少，颗粒磷肥和假冒复混肥没有变化。烧灼方法可以作为辨别真假复混肥和浓度高低的主要方法，当然最准确的还是抽样做定量分析。

以上肥料的鉴别方法都是直观的，仅供参考。更好的方法是经土壤肥料研究单位，肥料、化工监测部门的化验分析。不同作物、不同土壤上的科学施肥技术，最好在农业科研单位、农业技术推广部门的指导下进行，在选用作物专用肥、复混肥、复合肥时要特别慎重。

参 考 文 献

高祥照，申眺，郑义，等，2002. 肥料实用手册 ［M］. 北京：中国农业出版社.

农业农村部种植业管理司，全国农业技术推广服务中心，农业农村部科学施肥指导专家组. 2021. 2021 年春季主要农作物科学施肥指导意见 ［EB/OL］. http：//www. moa. gov. cn/，03，04.

农业农村部种植业管理司，全国农业技术推广服务中心，农业农村部科学施肥指导专家组. 2021. 2021 年秋冬季主要农作物科学施肥技术意见 ［EB/OL］. http：//www. moa. gov. cn/，09，16.

火爆农化招商网. 农化百科·肥料百科 ［EB/OL］. http：//www. 1988. tv/，2021，11，16.

郑州锦农科技有限公司. 2021. 技术文章·肥料科学 ［EB/OL］. http：//www. zzjnkj. com/，11，16.

梁华东，李剑夫. 2018. 中低产田土壤障碍及改良技术 ［M］. 北京：中国农业出版社.

梁华东，何迅，巩细民，等. 2014. 中国畜禽粪便污染问题、无害化处理及开发生产有机肥料技术与政策 ［J］. 中国农学通报，30（增刊）：75-80.

王蓉芳，曹富友，彭世琪，等. 1996. 全国中低产田类型划分与改良技术规范 ［S］. 中国农业部.

刘芳. 2015. 湖北省耕地土壤主要养分状况及分布规律研究 ［D］. 武汉：华中农业大学.

李松. 2018. 桔梗吸肥规律研究 ［D］. 长春：吉林农业大学.

李孟洋. 2016. 茅苍术规范化栽培基础研究 ［D］. 南京：南京中医药大学.

张继全. 2007. 平贝母养分的吸收特性研究 ［D］. 北京：中国农业科学院.

陈铁柱，张连学，舒光明，等. 2009. 施肥对平贝母矿质元素和产量的影响及其相关性分析 ［J］. 时珍国医国药，20（6）：1331-1332.

崔迪，崔培章，陈红方，等. 2021. 浙贝母减量优化施肥效 ［J］. 浙江农业科学，62（4）：698-700，704.

陈天德，金天寿，倪顺尧，等.2009.浙贝母最佳氮、磷、钾施肥量初探［J］.
浙江农业科学，2：308-310.

黄必胜，梅之南，朱志国，等.2019.湖北道地药材志［M］.武汉：湖北科技出
版社.

陈铁柱.2006.平贝母吸肥规律及其专用肥配方研究［D］.长春：吉林农业
大学.

图书在版编目（CIP）数据

种植大户最新土壤肥料实用技术手册 / 武汉市农业
科学院编著 . —北京：中国农业出版社，2022.1（2023.6 重印）
ISBN 978-7-109-29197-3

Ⅰ . ①种…　Ⅱ . ①武…　Ⅲ . ①土壤肥力－技术手册
Ⅳ . ①S158-62

中国版本图书馆 CIP 数据核字（2022）第 038641 号

中国农业出版社出版
地址：北京市朝阳区麦子店街 18 号楼
邮编：100125
策划编辑：贺志清
责任编辑：史佳丽　贺志清
版式设计：王　晨　责任校对：沙凯霖
印刷：北京通州皇家印刷厂
版次：2022 年 1 月第 1 版
印次：2023 年 6 月北京第 2 次印刷
发行：新华书店北京发行所
开本：880mm×1230mm　1/32
印张：6.25
字数：180 千字
定价：29.80 元